U0260432

碳如何玩转地球

[美] 罗伯特·M. 哈森（Robert M.Hazen） 著

董汉文　曾令森　译

江苏凤凰科学技术出版社·南京

江苏省版权局著作权合同登记 图字：10-2020-105

图书在版编目（CIP）数据

碳如何玩转地球 /（美）罗伯特·M. 哈森著；董汉
文，曾令森译 . — 南京：江苏凤凰科学技术出版社，
2022.7（2023.12 重印）
　　ISBN 978−7−5713−2628−9

Ⅰ . ①碳… Ⅱ . ①罗… ②董… ③曾… Ⅲ . ①碳循环
Ⅳ . ① X511

中国版本图书馆 CIP 数据核字 (2021) 第 266479 号

碳如何玩转地球

著　　　者	[美] 罗伯特·M. 哈森（Robert M. Hazen）	
译　　　者	董汉文　曾令森	
责 任 编 辑	谷建亚　沙玲玲　杨嘉庚	
责 任 校 对	仲　敏	
责 任 监 制	刘文洋	
出 版 发 行	江苏凤凰科学技术出版社	
出版社地址	南京市湖南路 1 号 A 楼，邮编：210009	
出版社网址	http://www.pspress.cn	
印　　　刷	南京海兴印务有限公司	
开　　　本	718 mm × 1 000 mm　1/16	
印　　　张	18	
字　　　数	230 000	
版　　　次	2022 年 7 月第 1 版	
印　　　次	2023 年 12 月第 2 次印刷	
标 准 书 号	ISBN 978−7−5713−2628−9	
定　　　价	59.80 元	

图书如有印装质量问题，可随时向我社印务部调换。

序

　　应邀为《碳如何玩转地球》一书作序，十分高兴。此书是由斯隆基金会资助的深碳观测计划（Deep Carbon Observatory，DCO）的一部分，该项目由地质学家罗伯特·M.哈森担任首席研究员，旨在召集世界各地不同领域的科学家，共同探索地球上碳的奥秘。

　　为什么要关注地球上的碳呢？因为碳无处不在，它贯穿生命始终，我们生活在一个富含碳的行星上，作为碳基生命，没有其他元素像碳一样对我们的生命如此重要；因为碳无处不在，又神秘莫测，地球从哪里来，最终会变成什么样，碳科学的研究或将为人类的一些重大问题提供答案；因为碳无处不在，全球气候变化问题日益凸显，而二氧化碳和甲烷等温室气体均与碳密切相关。

　　随着人类社会的发展，人类利用地球资源的广度和深度在大幅提高，人类改造不良自然条件的能力在不断加强，但人类活动对全球气候的影响也越来越严重，气候危机的影响范围越来越大，几近无处不在。由于全球变暖，我们正在经历热浪、洪水、干旱、森林火灾、海平面上升和生物多样性锐减等一系列灾害性事件。全球平均气温正以前所未有的速度上升，人类跨越不可逆转的临界点的风险也在增加。因此，应对全球气候变化问题已经成为全人类的重大挑战。

　　现如今，全球变暖是科学界和各国政府关注的热点问题，为应对这一问题，各国政府纷纷提出相关目标与方案。2020 年 9 月，习近平总书记在第七十五届联合国大会一般性辩论上郑重宣布："中国将提高国家自主贡献力度，采取更加有力的政策和措施，二氧化碳排放力争于 2030 年前达到峰值，努力争取 2060 年前实现碳中和。"这不仅是我国积极应对气候变化的国策，也是基于科学论证的国家战略，既是从现实出发的行动目标，也是高瞻远瞩的长期发展战略。

为了实现"双碳"目标，全社会各个领域都开始行动起来。尽管如此，人们对碳的理解还存在很多问题，例如碳的起源、碳的循环、碳的特性及碳的应用等诸多科学问题。此书的出现正好可以弥补公众对碳整体认知上的空缺。

此书的作者罗伯特·M.哈森拥有丰富的科普经验，在结构上借鉴了古希腊的四元素学说，并巧妙地将其与交响乐的四个篇章对应。书中通过描述碳在土、气、火、水中的流转，从碳循环这一独特视角讲述了地球 40 多亿年的演化历程，同时将近些年来关于碳的前沿研究融入了进来。

此书的两位译者是长期从事基础地质研究的青年地质学家，近两年开展了地质碳汇相关项目的研究。不仅如此，他们还兴趣广泛、充满好奇，经常参加和组织各种与地球壳幔物质循环相关的科学考察活动。同时，他们都有着很好的英文基础、扎实的中文表达功底，以及较为系统的地球科学知识，在译稿中增加了必要的注解，补充和更新了相关知识点，使得文本更具专业性和可读性。拜读此书，获益良多。引以为序。

中国科学院院士

李廷栋

2022 年 5 月

致敬深碳观测计划的朋友和同事，探索才刚刚开始。

罗伯特·M. 哈森的其他作品

《地球的故事》（*The Story of Earth*）

《起源》（*Genesis*）

《钻石制造商》（*The Diamond Makers*）

《新炼金术士：突破高压研究的障碍》（*The New Alchemists: Breaking through the Barriers of High-Pressure Research*）

《科学：综合法》（*The Sciences: An Integrated Approach*），与詹姆斯·特赖菲尔（James Trefil）合著

《为什么黑洞不是黑色的：科学前沿未解决的问题》（*Why Aren't Black Holes Black: The Unanswered Questions at the Frontiers of Science*），与玛克辛·辛格（Maxine Singer）合著

《突破：超导体竞赛》（*The Breakthrough: The Race for the Superconductor*）

《科学问题：获得科学素养》（*Science Matters: Achieving Scientific Literacy*），与詹姆斯·特赖菲尔合著

《火焰守护者：火在美国文化中的作用（1775—1925）》（*Keepers of the Flame: The Role of Fire in American Culture, 1775–1925*），与玛格丽特·哈森（Margaret Hazen）合著

《取之不尽的财富：1850年前的美国矿业历史导论》（*Wealth Inexhaustible: An Introduction to the History of American Mineral Industries to 1850*），与玛格丽特·哈森合著

《音乐人：图说美国铜管乐队发展史（1880—1920）》（*The Music Men: An Illustrated History of American Brass Bands, 1880–1920*），与玛格丽特·哈森合著

《比较晶体化学》（*Comparative Crystal Chemistry*），与拉里·芬格（Larry Finger）合著

《北美地质》（*North American Geology*）

《地质之诗》（*The Poetry of Geology*）

《美国地质文学》（*American Geological Literature*），与玛格丽特·哈森合著

目录

第三乐章
火之运动：材料中的碳

第四乐章
水之运动：生命中的碳

引 言

环顾四周，碳无处不在：这本书里的纸张，纸张上的油墨，黏合纸张的胶水；鞋子的皮革，衣服的合成纤维和彩色染料，特氟龙拉链和魔术贴；我们吃的每一口食物，喝的每一口啤酒、烈酒、汽水、起泡酒；房间里的地毯，墙壁上的油漆，天花板上的瓷砖；天然气、汽油、烛用蜡（制造蜡烛用的石蜡，通常为半精炼石蜡或粗石蜡）等各种燃料；坚固的木材和抛光的大理石；各种黏合剂、润滑剂；铅笔的笔芯（主要材料是石墨），戒指上的钻石；阿司匹林、尼古丁、可待因和咖啡因，以及其他你服用过的几乎所有药物；任何塑料制品，从购物袋到自行车头盔，从廉价的家具到名牌太阳镜。从出生到死亡，碳原子时刻围绕在我们身边。

碳是生命的赋予者：你的皮肤和头发、血液和骨骼、肌肉和筋腱全都依赖于碳。实际上，你体内的每个细胞，甚至细胞的每个部分，都依赖于坚固的碳骨架。母乳中的碳支撑起孩子心脏的跳动。爱人的眼睛、手、嘴唇以及大脑均以碳为基础。当你呼吸时，碳从鼻腔逸出；当你亲吻时，碳在唇齿间徘徊。

我们也可以轻易地列举出生活中不含碳的物品，比如冰箱里的铝罐、苹果手机里的微型硅芯片、可以用来制作烤瓷牙的黄金等等。但须牢记，我们生活在一个富含碳的星球上，我们本身就由碳元素构成。

每一种化学元素都很特殊，尽管如此，有些元素还是比别的元素更特殊。在元素周期表种类繁多的元素中，第 6 号元素，即碳元素，对我们的生活产生了独一无二的影响。碳不仅仅是构成物质的静态元素，它还能够跨越浩瀚的时空，提供最为关键的化学联系，帮助我们理解宇宙演化的奥秘。在将近 140 亿年的时间里，宇宙不断演化，塑造出更加丰富多彩的图案，这个过程伴随着无尽的化学反应，让人为之着迷，却又满怀疑惑。

碳是宇宙演化的核心，也是构成行星和生命的关键。相比其他元素，碳对新技术的快速出现发挥了更大的作用,使人类社会从工业革命的"蒸汽时代"演进到我们现在所处的"塑料时代"。当然，人类的碳排放也前所未有地加速了全球范围内环境和气候的变化。

那么，我们为什么更关注碳呢？与碳相比，氢的储量更丰富，氦的性质更稳定，氧的性质更活泼，铁、硫、磷、钠、钙、氮也都有自己独特的魅力。上述元素都在地球复杂的演化过程中扮演了关键角色，但是，要想在广袤、寒冷、黑暗的宇宙中找寻方向，以碳为焦点才能得到更好的答案，碳元素以及含碳化合物为宇宙演化提供了无与伦比的创造力和潜力。

在 100 多种化学元素中，我们对碳元素既充满喜爱，又心怀忌惮。成千上万的人不断发明各种各样的新型碳基材料，比如面巾纸、氨纶、氟利昂、尼龙、聚乙烯、凡士林、漱口水、急救喷雾剂、透明胶带、橡皮泥……这些材料以直接或者间接的方式改善了我们的生活。然而，这些合成化学品的过度使用也导致了意想不到的后果，比如造成臭氧层空洞，使人致癌或产生严重过敏反应。碳是所有生物分子的基础，它对人类福祉和生命延续的贡献之大无与伦比，但是当机体内的碳原子缺失或排列不当时，疾病和死亡也会随之出现。

近地表的碳循环稳定了全球气候，确保了生态系统的健康，并为我们提供了丰富的廉价能源。然而如果自然活动或人类活动（如火山喷发、煤的燃烧、小行星失控、森林消失等等）影响了碳原子的分布，那么全球气候就可能会发生变化，生态系统就可能会崩溃。碳的影响并不局限于近地表的生物领域，它还在地球内部参与那些将地球与其他行星区分开来的动态过程。

从某种意义上说，碳的故事就是一切的故事。然而，这种无处不在、不可或缺的元素身上充满了谜团。我们不知道地球上到底有多少碳，也不能完全知晓地球内部各种碳的存在形式。我们不了解碳原子如何在地球表面和内部进行循环运动，也不能通过地质学家眼中的"深时"（deep time）来分辨这些运动是否在数十亿年间发生了显著变化。虽然数百万种含碳化合物已为人知晓，但科学家们才刚刚开始触碰到碳化学的丰富性。事实上，要想解开生命起源这一最大的谜团，必然要理解碳与其他元素之间复杂的化学反应。

从碳的数量和形式，到碳的运动和起源，我们对碳的了解少得可怜。寻求这些问题的答案，我们势在必行，但仅以我们对碳狭隘的理解又怎能弥补这些鸿沟呢？科研机构本身就在结构上存在着缺陷，这可能注定了碳科学研究难以持续进行。大学缺乏碳科学研究中心，大规模、跨学科的碳科学研究项目更是寥寥无几。虽然科学发现依赖于提出关于自然界的问题，但也依赖于在时间和金钱有限的环境中找到相关资源，而此时，学科专业化往往优于学科的集成和综合。

谁会愿意支持一个不同类型的研究呢？

———

故事发生在 2007 年初，在纽约市著名的俱乐部——世纪协会（Century Association），卡内基科学研究所的筹款人邀请了数十名潜在赞助人共进一场优雅的晚宴。当时美国经济正在蓬勃发展，巴拉克·奥巴马（Barack Obama）还是伊利诺伊州的参议员。在俱乐部宽敞的、镶着木板的房间里，陈列着美国历史上一些最伟大的艺术家的绘画和雕塑作品。约翰·弗雷德里克·肯塞特（John Frederick Kensett）、温斯洛·霍默（Winslow Homer）和保罗·曼希普（Paul Manship）等名人的主要作品也位列其中，它们被用于换取令人垂涎的、昂贵的俱乐部会员资格。这是一笔双赢的交易：世纪协会建立了一流的艺术品收藏，艺术家们则能够接触到有钱的赞助人——这些赞助人能够轻松负担起俱乐部高昂的入会费用！

餐后我开始发表演讲，演讲主题是生命的起源。这个话题本身就很有趣，再通过一些简单的小道具来说明那就更有趣了。利用一杯苏打水、一块从附近公园捡来的石头、一柄茶匙和一根吸管，我便开启了演说。简单而友好的演示过后，我告诉他们生命可能是从富含碳的、高温的海底火山中出现的。这种观点存在争议，因此现场对此持怀疑态度的人与我进行了辩论——辩论充满活力，有时甚至弥漫着火药味，这也为我的观点增添了一点趣味。作为奖励，我赠送给现场每个人一本我最近刚完成的书，书名为《起源》，主题便是生命的起源。我对那些艺术家有一种亲切感，他们的作品时常萦绕在我的脑海。我和他们一样，为了这场晚宴而表演，试图抓住一些潜在赞助人的眼球，希望他们提供帮助，让我和我的同事描绘出一张新的"科学油画"。

科学并不"便宜"。每年每个研究生或博士后的科研费用可能要高达 10 万美元。新型分析仪器每年的运行费用可能需要 100 万美元，相关的劳务费用和零件更换费用每年会增加 10% 或更多。参加会议的差旅费、出版物的版面费以及试管、试剂、金佰利低尘擦拭纸（Kimwipe，一种实验室用的薄纸巾）等基本实验室用品的购买费用都必不可少，更不要说实验室日常的运行费用了。没有工业界、政府机构和私人基金会的支持，科学研究将很快枯萎和消亡。但通过给机构和基金会写拨款申请来赢得资助是一条艰难的道路，每年赢得 10 万美元资助的机会不到 10%。

所以我来到纽约这个充满机遇的地方，拿着帽子，向一屋子不从事科学研究的人宣传科学。其实，这样的事情做起来并不算难，只是我们必须要迈出第一步。那个夜晚如此令人沉醉，但随着研究项目堆积如山和拨款截止日期的临近，那次经历很快被抛诸脑后。之后的一个电话改变了一切。

———

3 个月后，也就是 2007 年的春天，华盛顿处处生机盎然。

"嗨，鲍勃（Bob）。我是纽约斯隆基金会的杰西·奥苏贝尔（Jesse Ausubel）。"显然我应该在纽约世纪协会的演讲上见过杰西，但我此时却想不起关于他的信息了。不过，听上去他热情而务实，一口男中音令人愉悦。

"斯隆基金会正在考虑新项目。"听到这里，我的耳朵竖了起来，因为斯隆基金会支撑着一些重大科研项目和教育工作，比如国际海洋生物普查计划、探索暗能量的斯隆数字化巡天项目、生物可降解塑料项目等等。

"我们想知道你是否有兴趣探讨一个关于生命深层起源的计划？"这是我在纽约演讲的主题，即生命可能会起源于海底火山，显然我在纽约的演讲起到了效果。杰西告诉我，斯隆基金会的项目通常会持续10年，每年资助700万—1 000万美元。说到这里，杰西顿了顿，似乎在等待着什么。而1个1加8个0的巨大数字（指10年共计1亿美元）让我大脑瘫痪，一时间竟说不出话来。

最终，我回过神来，开始和杰西讨论项目的具体内容。我认为，花上10年时间仅仅去关注生命的起源，这未免太过狭隘。实际上，地球上的碳可以揭开诸多基本谜团，这些谜团不仅限于生物学，还涉及物理学、化学和地质学。我解释道，如果我们不能在广泛层面上理解地球上的碳，那么我们也就无法真正解答生命起源这一古老而又神秘的问题。

我提出了一种综合性的宏观研究方法：从物理学和化学横跨到地质学和生物学，从45亿多年前的地球过渡到现在，从地壳深入地核，从纳米尺度扩大到全球范围。杰西对我的思路非常赞赏，为此他预批了为期1年、总额40万美元的探索经费，用于召集来自世界各地的专家，举办研讨会，明确已知和未知，并制定一个全球战略来改变我们对碳的理解。

这个项目已经不仅仅是一幅"科学油画"，它更像是一部宏伟的贝多芬（Beethoven）交响乐，具有前所未有的力量。研究碳科学的团队就像是一个伟大的乐团，其中包括多位歌剧独奏家，还有一个超大的管弦乐队，能演奏从大号到短笛的各种乐器。而且，此前从未有人尝试过这种综合性的研究方法。

———

转眼间1年便过去了，到了2008年5月15日，来自世界各地的

100 多位专家齐聚一堂。这些在早期参与项目的科学家来自十几个不同的国家，具有不同的学科背景，其中不乏资深教授。这次研讨会旨在探讨是否存在一种全新的、综合的解决碳科学问题的方法，以及相关的基本原理和依据。

研讨会的第一天，情况并不尽如人意。科学家们虽然嘴上说着"摆脱束缚"和"跨越边界"的豪言壮语，但实际上却很少离开他们的舒适区。生物学家与生物学家交流甚多，地球物理学家和有机化学家也只聚在各自的专业小组中。

到了第二天，情况有所好转。渐渐地，跟随着一连串生动的演讲，我们得以窥见一些未被彻底探索过的风景——地球核心的深部碳循环、古老的生命起源、宏伟的板块构造循环、巨大的地下微生物圈。我们在这个更为广阔的新环境中看到了自己专业知识上的狭隘，第一次了解到火山喷发、金刚石矿藏、板块构造、气候变化、活性矿物质、海底生命之间存在着某种未知的联系，这些联系看似矛盾，实则真实存在。碳科学这一主题具有普遍性并且涉及多个领域，让我们为之着迷。

研讨会的第三天，新的全球化研究结构（包括领导层）已经确立，研究人员热情高涨。现场的斯隆基金会深碳观测计划的观察员被研究人员的激情和决心所感染，很快便为深碳观测计划开了绿灯。这的确是令人幸福的时刻，我们将以全球化的视野联合各地科学家，实现一项非凡的科学抱负。尽管前景远大，但我也怀疑参与者会担心自己最终将面临失败，而且是一个非常壮观、充满尴尬、代价高昂的失败。

10 年后，这次探索的规模之大已经远超预期。由全球约 50 个国家的 1 000 多名科学家组成的国际研究大军，共同致力于探究地球上碳的奥秘。该项目由全球数十个机构和基金会资助，资助总额近 5 亿美元。深碳观测计划成为人类历史上最全面、最广泛的跨学科科学努力的代表。

与其他任何成功的科学项目一样，我们从中学到了很多，但我们也越来越清楚地意识到我们有多少未知的东西。那些纠缠不清、悬而未决的问题已经成为科学家进行未来研究的更深刻、更持久的驱动力。科学的矛盾之处就在于此，我们知道的东西越多，就会发现未知的东西也越多，甚至会发现有些事物是不可知的。不过，每一次发现都像是打开了一扇通往更广阔天地的大门，带我们领略到前所未知的风景。

我迫不及待地想要和大家分享碳科学中一些最新的、令人惊叹的风景，同时也记录下我们所获得的发现以及仍待探索的未知领域。但是如何分享呢？如果我是约翰·弗雷德里克·肯塞特或温斯洛·霍默，或许我可以画一幅画，而通过文字方式表达出来必然更难——毕竟仅靠一本多卷的碳百科全书很难公正地描述这一主题的许多细微差别。那么，如何在一本书中记录碳的故事呢？机会在向我招手，但我却踌躇不前。一页页的空白嘲笑着我，直到杰西给我指出了一条前进的道路。

"你必须写一部交响乐！"他命令道。

杰西知道我已经当了 40 年的交响乐音乐家，我白天在实验室里工作，晚上在很多乐团担任小号手——作为华盛顿室内交响乐团和国家美术馆管弦乐团的正式成员，以及国家交响乐团和华盛顿国家歌剧院的临时成员，我曾多次演奏过贝多芬、勃拉姆斯（Brahms）、舒曼（Schuman）和门德尔松（Mendelssohn）的每一部交响乐。尽管如此，起初他的话还是令人费解。文字的交响乐，而不是音乐的？4 个乐章……这都是什么？

我感到犹豫和困惑，但这个比喻在某些层面上确实说得通。就像深碳观测计划由物理学家、化学家、生物学家和地质学家组成一样，交响乐团也类似，由不同类型的音乐家组成，而且乐团里的每个人都经过多年的训练并且全身心投入。每个乐手都有自己独特的乐器——小提琴、大号、长笛、军鼓、小号、中提琴，每种音色和音域都必不可少，但没有一个人可以单独演奏出让人情绪高涨而又宏伟的交响乐。碳的交响乐也是如此，如果没有深碳观测计划中的众多"声音"，碳的交响乐将永远无法被呈现。

这个比喻还指出，美妙的独奏会周期性地从交响乐团中出现。因此，这部碳的交响乐也会聚焦科学家个人所做出的杰出贡献，尽管乐团最终会将他们的重点研究融合到更加宏大的主题中。

像每一部交响乐一样，这本书也代表着我的一段个人旅程——内容独特、视野有限，从我个人的角度创作，表现形式、演奏心情多变。数百名同事的工作成果令我受益良多，但在这里讲述碳的故事必然带有个人色彩。许多其他的碳的交响乐将在未来被谱就，让我们拭目以待。

——

随着深碳观测计划和伟大的管弦乐作品之间的相似之处愈发明显，我也逐渐对碳的交响乐兴趣盎然，但我必须努力构建一个连贯的框架。后来，我的脑中闪现出一个想法：一些古代学者认为宇宙中存在 4 种元素，即土、气、火、水，每种元素都有其独特性，每种元素都是宇宙不可或缺的组成部分，它们是所有物质的源头；而在元素周期表的元素中，仅有碳元素表现出这 4 种经典元素的所有不同特征，这为我们的故事提供了一个"四乐章"框架。就像交响乐一样，这本书的 4 个乐章在主题、情感和节奏上各不相同。

第一乐章"土之运动：晶体中的碳"明确了矿物和岩石是地球牢固的晶体基础。这一运动始于创世之初，早在地球形成之前，那时碳原子是由较小的"碎片"合成的。接着地球上的矿藏开始出现并进行演化，这也代表着晶体形式的含碳化合物的多样性和丰富性的日益增长。

第二乐章"气之运动：循环中的碳"主要讲述地球上宏伟的碳循环。碳原子在储库之间不断移动——在海洋和大气之间交换位置，通过板块构造进入地球内部，并通过数百座活火山释放的高温气体回到地表。数百万年来，这种深部碳循环一直保持着一种稳定的平衡，但人类活动可能正在改变这种平衡，从而造成意想不到的后果。这个主题正如交响乐的第二乐章，节奏时常缓慢、柔和。

碳在能源、工业和新兴高科技领域发挥着活跃的作用，这就需要第三乐章"火之运动：材料中的碳"有力、快节奏的谐谑曲与之相配。碳是众多材料的组成元素，这些材料具有无数不同的特性，造福着人类社会的方方面面。正如碳贯穿了我们的日常生活，科学家和音乐家的故事也穿插在谐谑曲中，交相辉映。

最后，第四乐章"水之运动：生命中的碳"探索了生命的起源和演化。随着生命从地球的原始海洋中出现，乐章缓缓展开；之后伴随着生命演化的多样性与创新性，乐章陡然加速。碳的交响乐迅速走向尾声，碳科学的诸多主题也汇集到一起。

请各位入座，灯光正在变暗，故事即将开始。宇宙将从绝对的虚无中诞生，故事将追溯到碳与时间出现之前。

碳的交响乐

Symphony in C

寂静之声

宇宙诞生之前一片虚无。

什么都没有——没有物质的迹象，没有光，甚至连真空也不存在，

更遑论思想或发现、艺术或音乐、希望或梦想。

有的只是黑暗和寂静。

我们无法理解这种一无所有，这种绝对虚无。

时间诞生之前的世界不可知，

充满谜团，并且超越物理法则。

那正是碳和万物诞生之前的世界。

第一乐章

土之运动：晶体中的碳

那是创造的时刻！
时间和空间从虚无中诞生。
宇宙万物的本质瞬间出现，
在一个纯净的能量旋涡中，万物从虚空中腾空而起。

宇宙诞生于"奇点"——密度极大、温度极高、体积极小，
之后宇宙开始以超光速膨胀，并随着体积的增大迅速冷却。
冷却后，宇宙的结构更加清晰，更有条理，更为我们所熟悉，
更像我们的家园。

前奏曲

地球诞生之前

    138亿年前，创世后不久，碳的交响乐以一首短暂而疯狂的前奏曲拉开序幕。在大爆炸之后的短时间内，没有任何种类的原子出现在宇宙中。宇宙温度过高，运动过于猛烈，那些高温、高密度的物质和能量必须先膨胀再冷却，基本粒子会分别组合成恒星、行星和生命。大爆炸首先形成了大量的氢和氦，这两种元素为我们认识的几乎所有物体提供了基础。但是人们通过最近的一项研究发现，大爆炸也创造了许多较重的元素，其中包括构成生命的碳、氮和氧。

碳原子的诞生：宇宙大爆炸

    长期以来，科学家们一直认为碳的故事始于恒星，也就是大爆炸发生的数百万年之后。这一说法在各种教科书和同行评议的出版物中反复出现。实际上，我们被误导了。这也突出了碳研究充满活力、变化无常甚至令人抓狂的特点，整个科学界都为之着迷。怎样才能不被这样的说法误导呢？答案是：质疑每一个假设，反复检查结果，并做好为之惊讶的准备。

早在第一代恒星出现之前，宇宙历史上唯一的原子制造过程是一个独特的、飞逝的事件，这个持续了 17 分钟的核合成过程被称为"大爆炸核合成"（big bang nucleosynthesis，BBN）。[1] 在 138 亿年前的一个神秘瞬间，所有的物质、能量和空间本身突然在某个点上诞生了，之后便开始膨胀，形成了现在的宇宙。膨胀意味着冷却，随之而来的是一系列的冷凝过程——物理学家称之为"冻结"（freezing），这些渐次发生的过程让宇宙变得更加规律和有趣。

从炽热和致密到难以想象的旋涡中最初凝聚出的最基本粒子称为"夸克"（构成质子、中子等物质基本单位的细小粒子，有多种类型）和"轻子"（一类基本粒子，电子即为轻子的一种，目前认为它们没有内部结构）。在宇宙大爆炸后的第 1 秒，温度下降到惊人的 100 亿摄氏度，无数个质子和中子在此时形成，质子和中子是构建原子核的基石，每个质子或中子均由 3 个夸克组成。大爆炸时，质子以大约 7∶1 的优势在数量上领先于中子。之后随着时间的流逝，宇宙继续膨胀和冷却。

大爆炸 3 分钟后，在快速演化的宇宙中，形成稳定原子核的时机已经成熟，质子和中子开始通过核力以各种方式结合在一起。这是宇宙第一次完全冷却到 10 亿摄氏度，这种变化使得原子核在形成后可以保持完整。孤立的质子，也就是化学元素氢的最轻的同位素的原子核，继续占据主导地位，就像今天的氢一样。然而，氢并不孤单。在接下来的十几分钟，自由中子疯狂地与它们能寻找到的质子结合，从而形成氢的一种重同位素——氕（氘原子核由 1 个质子和 1 个中子组成）。大部分氘原子核通过成对的方式融合成一种常见的氦原子核——氦 -4 原子核（由 2 个质子和 2 个中子组成），它也被称为 α 粒子。大爆炸大约 20 分钟后，整个宇宙温度过低，无法促使进一步的核聚变发生，原子的比例变得几乎固定。简而言之，大爆炸核合成之后，宇宙中每 10 个氢原子，就会有大约 4 个氦原子和一点点氘原子与之对应。

　　以上是一种很有用的简化描述，但大爆炸核合成的故事并没有那么简单。核子（质子和中子的统称）会以各种可能的方式相互碰撞，进行混合和配对。这些核子形成了质量虽小但数量可观的氦 -3 原子核（由 2 个质子和 1 个中子组成）和锂 -7 原子核（由 3 个质子和 4 个中子组成），以及一些更大的不稳定原子核，不过这些原子核很快就会分裂。事实上，在今天的宇宙中观察到的那些稀有的氦原子核和锂原子核的比例，为研究大爆炸之后的宇宙演化提供了一些严格的约束条件。在这个版本的宇宙起源中，大爆炸核合成似乎没有产生比锂更重的稳定元素，当然也没有产生碳元素。

　　这就是科学的有趣之处。在这种情况下，"无碳"并不一定意味着"零碳"。"没有数量显著的碳"可能会是一个更好的说法，也就是说没有足够的碳来影响随后的恒星和星系的行为，没有足够的碳用于构建晶体、大气或橡树。但我们对碳的兴趣愈发浓厚，以至于想要寻找碳元素的真正起源。对我们来说，即使是单个碳原子的出现也对宇宙有重大意义。

　　大爆炸后第 3—20 分钟，宇宙中发生了难以想象的剧烈运动。在这期间，原子核之间自由交换，发生相互作用，之后产生诸多新的元素。质子和中子之间的碰撞大都产生了氘或氦，但核反应中最微小的部分，尤其是在这期间温度降低时较大的原子核"碎片"之间发生的碰撞，促使质子和中子形成了更复杂的组合，其中包括一些比锂重的元素。

意大利天体物理学家法比奥·约科（Fabio Iocco）和他的同事在 2007 年通过运算得出了 100 多种可能的核反应路径，这些路径在之前的研究中时常被忽略，因为它们成功的可能性过小，并且必须要进行冗长的计算（更不必说用超级计算机进行超额的计算会花费大量成本），这得不偿失。[2] 约科的结论是：是的，虽然这些核反应发生的可能性不大，但并非毫无可能。碳、氮和氧元素都形成了，虽然这些元素相对来说数量太小，对宇宙随后的演化没有产生太大影响，但它们确实形成了。约科的计算表明，大约每 4.5×10^{18} 个氢原子核中就会出现 1 个碳 −12 原子核。这个看似无关紧要的比例小到足够让约科和他的同事得出结论——最早的恒星是在"无金属的环境"中演化而来的（在天体物理学研究中，"金属"指的是比氢重的元素）。因此，科学家们再一次声称大爆炸基本上不产生碳。

但是，请等一下。粗略的计算表明，宇宙从大爆炸核合成中诞生时，至少产生了 10^{80} 个氢原子，这是一个惊人的数字。尽管每 4.5×10^{18} 个氢原子只对应 1 个碳原子，碳原子的比例非常小，但一巨大数字的一小部分仍然可以是一个非常大的数字。仅通过简单的除法我们便可以得知，大爆炸核合成产生了超过 10^{61} 个碳原子！这些碳原子的总数只占宇宙质量的很小一部分，不到今天宇宙中已知碳原子总数的百万亿分之一，但直到现在，很多原始的碳原子依然存在。

那么，这些通过大爆炸核合成产生的碳原子如今去哪里了呢？有部分原始的碳原子肯定已经被前几代恒星捕获，经历了核聚变的循环，转换成了其他更重的元素；其他很多原始的碳原子散布在如今宇宙的尘埃和气体中；也有大量原始的碳原子已经混入我们的现代世界，这些碳原子与后来形成的碳原子并无区别。我们身体中碳原子的数量超过 10^{26} 个，其中难免会混入大爆炸核合成中产生的碳原子，它们已经与后来在恒星中形成的碳原子密不可分。身体中基本的氧原子和氮原子也是如此，更不用说原始的氢原子了。

现在我们得出了令人吃惊的结论：我们体内的碳原子其实并不像我们一直认为的那样，全部形成于恒星当中，而是有相当一部分形成于最初的宇宙大爆炸，这要一直追溯到 138 亿年前，时间诞生的时候。天文学家卡尔·萨根（Carl Sagan）有一句名言："我们都是由星尘组成的。"[3]而多亏了在大爆炸核合成中产生的碳，我们也都是由"大爆炸的物质"组成的。

恒星物质

地球和生命所需的碳远远超过大爆炸熔炉早期直接产生的碳。要发掘碳元素的巨大宝藏，我们必须将目光投向宇宙中明亮的恒星，因为几乎所有的碳原子都诞生于恒星深处。

1 个多世纪前，得益于哈佛大学一群非凡女科学家取得的科研成果，恒星在碳的故事中的作用开始浮现。19 世纪 80 年代，天文学面临着一个新的挑战：处理大量有关恒星性质的数据。之前，天文学家使用世界上最好的望远镜记录了 20 多万颗恒星的位置和亮度，但关于它们的各种物理和化学特性的数据几乎一片空白。直到 19 世纪的最后二三十年，天文学家才将灵敏的光谱仪和照相机安装到功能强大的望远镜上，以新的方法来观察宇宙。天文学家通过玻璃底片将天空中人们熟悉的数千颗点状恒星的排列记录下来并转化为恒星光谱图。就像一束白光通过玻璃棱镜后会发散成七色条带一样，每颗恒星在照片上都显示为一个细细的长方形，带有类似条形码的竖线序列，每幅图案都代表从红色到紫色的七彩光谱。

恒星光谱揭示了很多关于恒星的信息。当化学元素被加热到恒星表面那样的高温（通常位于 2 000—30 000 摄氏度的区间）时，每种化学元素都会散发出自身特有的不同颜色的明亮线条，好比原子的"指纹"。这其实是因为当原子中的电子从较高能级跃迁到较低能级时，会发射出一系列的谱线（spectral line），这也是一种"量子跳跃"，在这个过程中会伴随着固定颜色的微弱闪光。钠原子的谱线中有 2 条明显的、间隔很近的橙黄色线，相比之下，氢原子的谱线有 1 条强红线和 1 条绿线，还有数条较弱的谱线位于光谱的蓝紫色端。碳原子的谱线超过 20 条，强谱带分布在所有颜色上。每颗恒星的光谱都是几十种化学元素独特谱线的复杂叠加。

借助这种新的光谱工具，天文学家制作了数千块玻璃底片，每块玻璃底片上都有数百颗恒星光谱可供分析。每颗恒星的光谱都必须通过肉眼来检查和解释，这是一项艰巨且枯燥的工作。此外，光谱积累的速度远远快于任何人分析它们的速度。

美国内科医生、业余天文学家亨利·德雷伯（Henry Draper）于 1872 年开展了开创性的研究，并拍摄了人类第一张恒星光谱照片，哈佛大学天文台也因此成为最多产的玻璃底片生产中心之一。德雷伯制作了 100 多张带有恒星光谱的玻璃板图像，但不幸的是他于 1882 年去世，那时他的光谱天文研究才刚刚取得进展。德雷伯的朋友、哈佛大学天文学教授爱德华·查尔斯·皮克林（Edward Charles Pickering）于 1885 年接手了该项目。1 年后，德雷伯的遗孀玛丽·安娜·帕尔默·德雷伯（Mary Anne Palmer Draper）开始资助皮克林的研究，并资助出版不断扩大的德雷伯星表（HD 星表）。

与 19 世纪 80 年代的大多数科学领域一样，从事天文学研究的也几乎都是男性。事实上，即使在 20 世纪的大部分时间里，大多数天文台也都不允许女性在所谓诱人（seductive）的夜间环境中与男性一起工作。男性还主导了分析摄影底片的工作，但他们马马虎虎的表现让皮克林一再失望，他不止一次抱怨道："我的苏格兰女佣可以做得更好。"[4]

皮克林的苏格兰女佣威廉明娜·弗莱明（Williamina Fleming）原本是一名教师，21 岁时与丈夫和孩子一起从苏格兰的邓迪移民到美国。但没过多久，她就被丈夫抛弃了，由于生活所迫，她来到了皮克林家做女佣。1881 年，皮克林为 24 岁的弗莱明提供了一份天文台的工作，并教她阅读恒星光谱。尽管皮克林可能并非完全无私，而且他给弗莱明的工资（每小时 25 美分）明显低于相同岗位男性的工资，但他的这一举动为女性在该领域的发展打开了一扇大门。

弗莱明不仅擅长解释光谱，而且擅长观察数千颗恒星的运行模式。她很快便学会了检测不同谱线的位置和强度的细微差异，并根据氢原子谱线的强度提出了一个光谱分类系统，给观测到的每颗恒星用从 A 到 Q 的英文字母命名。她还发现了数百个新天体，包括著名的马头星云和数十个其他"星云"，这些星云由大量的尘埃和气体组成，含有许多含碳分子。弗莱明也为哈佛大学天文台的其他 10 多名女同事铺平了道路，这群被称为"哈佛计算机"[5] 的女性完成了艰巨的任务。

恒星的哈佛分类

数千颗恒星的新光谱数据不断涌现，天文学领域即将发生深远变革，将随时颠覆我们对宇宙中碳起源和碳分布的理解。对不同种类的恒星做出更加细致的描绘，是关键的一步，这项进步的首要贡献者是天文学家安妮·坎农（Annie Jump Cannon）。

1863 年底，安妮·坎农出生于特拉华州的多佛市，她的父亲威尔逊·坎农（Wilson Cannon）是特拉华州参议员和造船专家，她的母亲玛丽·坎农（Mary Jump Cannon）喜欢探索夜空。通过一本古老的、卷角的天文教科书，母女俩一起分辨恒星和星座。在父母的鼓励下，坎农前往韦尔斯利学院学习自然科学，该学院的第一位物理学教授萨拉·弗朗西斯·怀廷（Sarah Frances Whiting）成为她的导师。1884 年，约 20 岁的坎农以出色的成绩获得物理学学士学位。

坎农在之后 10 年的时间里锤炼了作为摄影师和作家的技能，随后她重返科学界。1896 年，坎农成为哈佛大学天文台台长爱德华·皮克林的助手，同时也成为"哈佛计算机"的一员。随后，坎农迅速走红，成为识别不同类型恒星光谱的大师。她能够以每小时 200 颗的惊人速度记录恒星类型，皮克林惊叹："坎农小姐是当今世界上完成这项工作速度最快的人。"[6] 在长达 40 年的职业生涯中，坎农分析了 350 000 颗恒星的光谱，远超她的同伴们。

坎农在恒星类型识别方面很有天赋，她能够捕捉到别人容易忽略的趋势。随着对恒星光谱研究的深入，她为新修订的恒星分类系统提供了自己的看法和建议。她专注于南半球明亮的恒星，根据关键谱线（这些谱线与恒星表面温度直接相关）的相对强度设计了一个分组。由此产生的哈佛分类（Harvard classification）将恒星分为 7 个主要类型，每个类型都用 1 个字母表示，整个序列按照温度从高到低排列——O、B、A、F、G、K、M。这与威廉明娜·弗莱明早期方案中的恒星分类方式类似，但剔除了大部分弗莱明所用的字母并打乱了其余的字母。一代又一代的天文学学生用下述记忆法记忆恒星分类——"噢，做个好女孩，吻我"（Oh Be A Fine Girl, Kiss Me）。

在去世前的几年里（坎农于 1941 年去世），坎农因她的发现而广受赞誉，在欧洲和北美赢得了奖章、奖学金和荣誉学位。这些辉煌的成绩使她成为新一代女性科学家学习的榜样。

为什么坎农能够如此成功且多产？一些历史学家认为这可能是因为她受到母亲的家政课的影响；也有人认为这可能与坎农因感染猩红热而几乎完全丧失听力有关，失聪限制了她的社交。但在她那个时代，许多女性都有残疾，上过家政课的女性更多。在我看来，坎农才华横溢，对天文学研究专注且充满热情，这一点不可否认，但她的成功还有一个更根本的因素，那就是她获得了施展才华的机会，这有别于与她同时代的绝大多数人。几个世纪以来，很多人的机遇被剥夺，在科学上不为人知。那些无名的、不逊于爱因斯坦和牛顿的人才，受到性别、种族、出身的桎梏，难以尽情施展才华，甚至没有机会去发现自己热爱的事业。对我们所有人来说，最大的悲剧莫过于无法追求、无法突破。

恒星中的碳

坎农对恒星的分类为发现恒星对碳形成的作用奠定了基础。哈佛分类反映了恒星的表面温度，其覆盖范围从温度较低的"红色"恒星一直到温度极高的"蓝色"恒星。当时的天文学家也已经发现，虽然谱线可以揭示不同化学元素的相对丰度，但是将谱线的强度转换为化学成分的问题尚未解决。

温度使事情变得混乱。每个原子都由带正电的原子核和带负电的核外电子组成。电子在核外不断跃迁，产生了特征谱线，这些谱线可以被哈佛大学天文台的玻璃底片所捕获。然而，恒星温度极高，原子之间的剧烈碰撞很容易使最外层的电子被剥离，即产生电离现象，进而使某些谱线的强度降低。元素周期表的第 1 号元素氢和第 2 号元素氦是 2 个极端的例子：大多数氢原子失去其核外唯一的电子，成为孤立的质子；大多数氦原子失去其核外的 2 个电子，变成只含有 2 个质子和 2 个中子的 α 粒子。没有电子，就不可能发生电子跃迁，因此氢和氦的谱线比其他许多元素的谱线弱得多。

1925年，塞西莉亚·佩恩（Cecilia Payne）破译了恒星光谱与其组成成分之间的复杂关系，她基于此项研究完成的博士论文被一些同行称为"天文学史上最精彩的博士论文"。[7]1900年，佩恩出生于英国文多弗一个拥有深厚学术背景的家庭，但从4岁起便过着孤儿寡母的生活。她得到周围人的鼓励，立志追求科学。后来，她获得奖学金，进入剑桥大学纽纳姆学院学习，在生物学、化学和物理学等方面表现出色。然而在当时，只有男性才可以获得剑桥大学学位，佩恩被剥夺了在英国体制内发展的机会。因此，她离开英国前往哈佛大学天文台，并于1925年成为其所在学院第一位获得天文学博士学位的女性。

佩恩博士论文的成功，离不开新兴的"电离"理论的应用，即原子在恒星中失去电子的现象与温度的变化相关。她意识到人们虽然可以通过谱线的强度准确测定许多关键元素（包括氧、硅、碳）的相对丰度，但氢和氦的含量却被大大低估了，例如氢的含量可能是测定值的100万倍。由此她提出了一个惊人的推论：氢元素和氦元素是迄今为止宇宙中最丰富的元素，在许多恒星中，氢和氦占其总质量的98%以上。然而当时这个推论对于大多数天文学家来说都过于不可思议，他们长期以来一直都认为地球的成分与太阳的成分基本相同，这些固有认知导致佩恩的发现最初并没有得到重视。在资深同事的说教下，佩恩在其第一篇论文中称自己的结论是"虚假的"。但此后不久，在其他人的重复印证下，她的观点得到正名。

佩恩的发现为人们更深入地了解宇宙起源和碳元素丰度指明了道路——除了氢和氦以外，大约每4个原子中就有1个是碳原子。然而，基本的谜团仍然存在：为什么恒星能产生如此大量的碳元素？

氦燃烧

　　大多数恒星都是巨大的富氢球体，太阳就是一个很好的例子。为了维持寿命，太阳将氢转化为氦，这种发生在恒星内部的核聚变过程被称为"氢燃烧"，稳定的氢燃烧使得太阳的亮度在过去 45 亿多年中仅发生了轻微变化。夜空中 90% 的恒星都在参与这个过程：在恒星深处高温和高压的条件下，质子间相互碰撞和融合，氦原子核便从这些较小的原子核"碎片"中形成。所有人都认为，在接下来的几十亿年中，太阳将会继续稳定地燃烧氢。只有当太阳核心的大部分氢被聚变为氦时，全新的、更有活力的"氦燃烧"（生成碳的过程）才会出现。

　　1954 年，后来获封爵士的英国天文学家弗雷德·霍伊尔（Fred Hoyle）还是剑桥大学圣约翰学院的讲师，他首次描述了发生在恒星内部的将氦转化为碳的核聚变。[8] 霍伊尔的职业生涯丰富多彩。他先是在剑桥大学学习数学，1940 年，在第二次世界大战中，25 岁的霍伊尔被征入海军部研制雷达。后来出于研究需要，他来到了美国，在那里他接触了与曼哈顿计划相关的研究，第一次了解到核反应。战争结束后，霍伊尔再次回到剑桥大学，在此后 10 年里他专心思考恒星内部的核反应过程。

　　到 20 世纪 50 年代，大家已经较好地理解了"核合成"的基本概念，即在恒星内部极端温度和压力驱动下产生新元素的核聚变。霍伊尔认识到，元素的自然丰度反映出恒星逐步演化的过程，在此过程中较小的核通过融合形成较大的核。有些元素很常见（如铁和氧），而其他元素则很少见（如铍和硼），因为相比其他元素，某些质子和中子的组合更容易形成。特别重要的是"共振"（resonance），它可以促进原子核每次增加 1 个中子、1 个质子或 1 个 α 粒子。大多数新原子核是原来的原子核在原有基础上逐渐吸纳这些小的"积木"而形成的。

　　碳是一个特例。根据当时的计算方法，恒星中没有形成碳元素的简单路径，所以碳元素应该是非常罕见的。但是塞西莉亚·佩恩和其他研究者通过对恒星中碳丰度的测量，发现碳是宇宙中含量第四丰富的元素。为了解释这种矛盾，霍伊尔提出了一种被称为"三 α 过程"的巧妙机制。[9] 霍伊尔知道，较老的恒星将 α 粒子集中于核心处。2 个 α 粒子碰撞时很容易融合成铍 -8 原子核，铍 -8 原子核含有 4 个质子和 4 个中子，若再得到 1 个 α 粒子，铍 -8 原子核就会转化为碳 -12 原子核。但问题在于，铍 -8 原子核非常不稳定，会在不到千万亿分之一秒的时间内分解成更小的"碎片"。因此，将第三个 α 粒子添加到易分解的铍 -8 原子核中以形成碳 -12 原子核的想法似乎不太可能实现。

霍伊尔取得突破的关键在于他认识到了自然界的巧合。碳 -12 原子核在接近 768 万电子伏的能量冲击下，会出现特殊的共振（这种现象以往都被忽视了）——此时的能量正是铍 -8 原子核所需要的，在此条件下，铍 -8 原子核能以比衰变更快的速度捕获 1 个 α 粒子。霍伊尔认为，这种"三 α 过程"产生碳 -12 原子核的速度可以比此前的预期值提高大约 10 亿倍。不过实验物理学家对此仍持怀疑态度，因为人们对碳元素的研究已经很成熟，但此前从未听过与这种共振相关的报道。尽管如此，霍伊尔还是说服了加州理工学院的研究人员去寻找这种"霍伊尔态"，他们很快验证了这一点。霍伊尔成功解决了碳丰度的差异问题，这也使得他在天体物理学领域一举成名。

霍伊尔因对恒星核合成的阐述而声名鹊起，但他的职业生涯并非没有争议。作为对主流宇宙学思想直言不讳的批评者，他创造了"大爆炸"这个名词，也许这个名词当时带有贬义色彩，但它最终被人们所接受。霍伊尔更喜欢稳恒态宇宙的概念，一个不依赖于类似创世纪的"创世时刻"的宇宙模型。霍伊尔还提到了"泛种论"（panspermia）——一种很偏向于推测性的概念，即地球上的生命起源于太空。霍伊尔的"泛种论"

广受嘲笑，其论点为：彗星中的细菌是地球生命的起源，而且它们仍然偶尔会引起全球病毒流行。此外，他强烈支持石油和天然气是由地幔深处的非生物过程产生的观点——深碳观测计划的科学家们现在正在重新审视这一有争议的假设。当被问及为何倾向于持有反对立场时，霍伊尔回答道："有趣的错误胜过无聊的正确。"[10]

分散的碳

130 多亿年前，在创世之初的几百万年内，第一批恒星在没有任何岩质行星和生命的宇宙中剧烈地燃烧。[11]当引力迫使巨大的、旋转的氢云和氦云（大爆炸的原子产物）坍缩成炽热的发光球体时，原始恒星就此诞生。

恒星是"化学演化"的引擎。在恒星内部难以想象的高温和高压下，氢原子核聚合成氦原子核，而 3 个氦原子核聚合成碳原子核。当然，这是一个缓慢的过程，但相对于恒星的寿命而言只是片刻。因此，碳的丰度逐渐增加，最终成为宇宙中第四丰富的元素，平均每 1 000 个氢原子就有近 5 个碳原子与之对应。

在宇宙诞生的最初几百万年里，碳储量不断增加，但是大部分碳仍然被限制在恒星深处。一些碳变成了核燃料，与更多的氦融合，形成一些原子质量更大的元素：氧，动物生命的赋予者；硅，岩质行星的构建者；铁，工业建造的基础。数百万年后，剧烈的恒星对流将深层原子带到恒星光亮的表层，一些碳原子在高能星风中逃逸，通过与恒星强磁场的相互作用向外射出。这些在恒星中形成的原子被抛入深空，标志着宇宙"碳化"的真正开始。

大质量恒星在生命晚期会在太空中解体、爆炸，从而形成超新星。当大质量恒星消亡时，剧烈的爆炸过程释放出大量物质，这也是碳在宇宙中最尽情扩散的时刻。[12] 但是恒星为什么会爆炸呢？这是因为巨大的引力将恒星物质向内拉，而超高能的核反应将其向外推，二者的互相对抗引发了恒星的爆炸。

让我们考虑一下太阳未来的命运：在接下来 40 亿年左右的时间里，它不断燃烧氢以制造氦；随着氦丰度的升高，过热的太阳核中，氢将逐渐被消耗掉，氦燃烧会取而代之；在此后大约 5 亿年的时间里，太阳深处的氦持续燃烧，氦燃烧产生的向外的推力将压倒向内的引力，太阳不断膨胀。对于地球而言，太阳的这种转变并不是什么好消息，因为太阳的直径将膨胀到其当前直径的 100 多倍，变成一颗"红巨星"。成为红巨星的太阳会吞没水星，毁灭金星，最终到达离地球轨道足够近的地方，"填满"白天的天空。地球将被太阳红热的表面烤焦，化为干枯的、毫无生机的灰烬。

对于像太阳这样中等大小的恒星而言，形成碳是核反应的最后阶段。随着氦储量的消耗和核反应的消失，引力将赢得这场持续了约 100 亿年的战争。太阳将坍缩成一颗"白矮星"——一颗与地球大小相当的富含碳的恒星，它的直径不到太阳当前直径的 1%。随着太阳缓慢冷却和收缩，大部分新制造的碳将永远被封存，就像一颗"星空中的钻石"。

那些比太阳更大的恒星则避免了这种命运，因为它们内部的压力和温度足以让一些碳 -12 原子核与 α 粒子融合，进而形成更重的元素——氧 -16、氖 -20、镁 -24 等等。一连串的核反应相继发生，每次转化都为恒星增加能量，使恒星所含的化学元素更加丰富，同时提供向外的推力以对抗恒久存在的引力。反应一个接一个发生，进行得越来越快，最后的核反应阶段将在几秒钟内发生，产生铁 -56 标志着核聚变的结束。对于质量小于铁的元素，每种新形成的元素的原子核都比上一个更稳定。每轮核反应都会释放能量，使恒星保持燃烧，如同为熊熊的火焰添加燃料，但铁 -56 是最终的燃烧产物。

对于铁 -56 原子核而言，无论是增加（或减少）1 个质子，还是增加（或减少）1 个中子，它的核反应都不再释放能量，反而会消耗能量。当一颗恒星的核心变成铁核时，其内部将不再发生核聚变，向外的推力几乎在瞬间被"关闭"，此时向内的引力很快便占据上风。

这种恒星"关闭"按钮的初始效果是产生毁灭性的内爆，所有的恒星物质——剩余的氢、氦、碳和其他一切物质，都将被向内拉动并加速至接近光速，最后一切都被压缩在一起。在这种混乱的条件下，温度和压力飙升至自大爆炸以来从未有过的高值，原子核将经历剧烈的撞击和融合，最终产生元素周期表中一半以上的元素。我们观察到的超新星爆发，实际上是所有聚集在一起的物质的灾难性反弹——一团包含大量新化学元素的混合物在恒星解体时被抛入太空。

这些额外的新化学元素，包括元素周期表中大多数较重的元素，都来自超新星爆发的惊人余波。引力会捕获每颗超新星的小部分残骸，产生奇特、致密的类恒星物体。如果这些残骸超过 3 倍太阳质量，就会产生一个"黑洞"——如此庞大的质量坍缩成一个点，任何东西，甚至光都无法从此处逃脱。如果超新星残骸的质量仅相当于太阳质量的 1—2 倍，由此产生的引力坍缩会产生另一种"怪物"天体——中子星。在中子星中，质子和电子被挤压在一起，形成超高密度的中子物质。一颗质量为太阳 2 倍的中子星坍缩后，形成的物体直径只有几英里[①]。考虑到超新星爆发后"碎片"将广泛分布，在 1 次超新星爆发事件中形成 2 颗中子星的情

[①] 本书中作者采用了大量英制长度单位，正文中有具体数值的地方已括注法定计量单位，而"几""几十"之类的不定数量难以进行准确换算，可参考如下换算关系：1 英寸 ≈ 2.5 厘米，1 英尺 ≈ 30.5 厘米，1 英里 ≈ 1.6 千米。——编者注

况并不少见。不稳定的双星结构会导致另一场宇宙灾难，即所谓的"千新星"（kilonova）事件，简单来理解就是2颗中子星撞击、合并过程中的辐射事件。此过程中原子核的合并异常活跃，最终整张元素周期表便从这场大动荡中浮现。

这个过程的影响极其深远，它是大量比铁重的化学元素的终极来源，比如珍贵的金和铂、实用的铜和锌、有毒的砷和汞，还有高新科技中常用到的铋和钆。在地球上出现的这些元素，它们的每个原子都来自大质量恒星的消亡过程。钨磨料、钼合金、锗半导体、钐磁铁、锆宝石、镍镉电池、锶磷光体，这些材料都是古老的恒星爆炸赠予我们的财富。

只有在第一代超新星于宇宙中播下新的化学种子之后，像地球这样的岩质行星才会围绕着下一代产生碳的恒星出现。许多恒星发生爆炸，提供了更多的碳和其他重元素，从而促进了更多行星的形成，并将产生越来越多"富含金属"的恒星。这种史诗般的、暴力的、循环的元素创造和扩散过程一直持续到今天，贯穿整个宇宙。

我们今天所处的太阳系，是许多早期的恒星周期向后延伸超过130亿年的结果，因此富含碳这种晶体元素。

呈示部

地球的诞生和演化

原子混合在一起,创造出精致、美丽且种类繁多的晶体。地球的地壳、地幔和地核富含大量含碳物质,包括金刚石、石墨及 400 多种其他含碳的晶体矿物,它们构成了地球上主要的碳储库。这些丰富多样的矿物生动记录了地球 45 亿多年的演化历程,现代技术合成的类似矿物也显示出同样的多样性,并在当今科技世界扮演着不可或缺的角色。

宇宙中的第一颗晶体

碳原子非常容易聚集,虽然每个碳原子都是单独产生的,但是碳原子一般不游离存在。一旦出现机会,4 个碳原子就会结合。事实上,因为碳与其他元素极易结合,碳的化学作用必然在创世之后不久就开始了。

在氢的围绕下，大多数原始碳原子与 4 个氢原子迅速结合，形成甲烷分子（CH_4），即天然气的主要成分。

在恒星爆炸之处，新的化学物质在宇宙中到处弥散，碳化学变得更加有趣。在新形成的元素当中，最突出的当属氧元素，这种活性原子容易与碳原子结合，一氧化碳（CO）和二氧化碳（CO_2）也因此迅速出现。其他一些碳原子则与氮原子和氢原子相连，形成有毒且致命的氰化氢（HCN）。此外，碳原子也会与硫原子或磷原子相结合，形成几十种常见分子。

所有这些微小、原始的分子都形成了气体，这些气体与巨大星云（恒星的摇篮）里的氢和氦相结合。[13] 随着分子数量的不断增加，原子之间的结合方式也更加复杂多样，碳原子之间相互结合形成链状、环状或笼状等类型的结构。有时，在恒星不断膨胀的气体层中碳原子最集中的地方，每个碳原子都会倾向于和另外 4 个同类型的碳原子结合，形成不断增长的规则排列，其结果是产生小块的金刚石晶体。

金刚石（钻石）①是碳原子"冻结"而成的完美晶体。有谁会拒绝闪闪发光的钻石呢？钻石之所以受人追捧，离不开其具有的一些极佳特性——硬度最大（在自然界中）、导热率极高、抗剪强度极大，而且它炫目闪耀、十分稀有。几个世纪以来，钻石一直激发着消费者和科学家的想象力。大而无瑕的钻石晶体是稀有而美丽的珍宝，象征着爱情和权力；钻石同样具有很高的科研价值，研究其内部信息是揭开地球深部神秘面纱的有效途径。实际上，它们是蕴藏地球隐秘的深部信息的"时间胶囊"，是宇宙当中最早形成的矿物之一。[14]

---

① 金刚石是钻石的原石，经过切割、打磨可以加工成钻石。diamond 一词在翻译时根据语境译为金刚石或钻石，但本书中较多情况下二者较难区分，可以等价。——译者注

现在我们来看看早期金刚石具体的形成过程。在一颗富含碳的恒星的高温表面，原子的振动过于剧烈且非常不稳定，任何一对碳原子之间都无法形成稳定的化学键。而当这样一颗恒星爆炸并释放出巨大的、膨胀的气态原子云时，情况就会发生变化。随着不断膨胀的气体云温度降至大约4 400摄氏度，寻求键合的碳原子减速到足以与其他4个碳原子结合，形成四面体结构。四面体上的每个碳原子都需要与4个相邻的碳原子键合，因此这4个碳原子又都连接了新的碳原子。而新连接上的相邻碳原子，将以精确的几何排列连接更多的碳原子，金刚石晶体就是按照这种方式逐渐生长起来的。

数十亿年来，无数金刚石微晶（microcrystal）以这种方式在太空中形成。它们早在岩质行星诞生之前就形成了，直到今天，它们仍在宇宙中最具活力的恒星周围形成，在炽热的恒星表面和冰冷的真空之间的扩散界面（diffuse interface）处结晶。

地球含碳矿物的显著多样性

尽管宇宙中微小的金刚石颗粒无处不在，但在宇宙中的绝大部分地方，金刚石并不是碳最理想的存在形式。在恒星周围的极端温度下，金刚石最先结晶是因为它是唯一能在4 400摄氏度以上结晶并生长的矿物。在如此炽热的条件下，其他所有晶体都会熔化或变成气体。当温度和压力较低时，碳的另一种更普通的结晶方式便会出现。金刚石中的原子排列得过于密集，显得逼仄，微小的金刚石颗粒很容易从恒星的冷却气体中形成，但是一旦温度降至大约3 900摄氏度，就会形成一种常见的、比较柔软的黑色矿物——石墨，石墨常用于制造铅笔芯和润滑剂。

我们可以对金刚石和石墨做对比研究。[15] 金刚石既硬又韧——这是由其四面体原子结构所决定的，而在优美的石墨结构中，每个碳原子都与相邻的 3 个碳原子结合成微型的三角形。石墨的这种原子结构空间充足，完美的碳原子片一层层堆叠在一起，就像一沓白纸。这些松散结合的碳原子片可以轻易地从铅笔转移到纸面，还可以通过相互滑动来润滑你的锁和轴承。柔软的黑色石墨虽然不能作为宝石，但它对社会的价值不亚于金刚石。

金刚石是宇宙中的第一种结晶矿物，我们推测，宇宙中的第二种结晶矿物是石墨。尽管它们的性质截然不同，但这两种矿物都只含有碳，而且最初都是由恒星爆炸的残余物形成的。然而，含碳晶体真正走向多样化（新形式爆发式出现）是在岩质行星形成以后，岩质行星的形成被认为是含碳矿物多样化发展的引擎。

行星的形成是一个古老而剧烈的过程。体积庞大的星云是恒星和行星的诞生地，主要由广袤的（可延伸数十光年）宇宙尘埃和气体组成。起初，当受到超新星的冲击波或其他能量的干扰时，星云的一小部分区域可能会发生坍缩，引力将旋转的物质向内拉，这样会导致星云的旋转速度越来越快，就像一个收拢双臂、加速旋转的花样滑冰运动员。结果是大部分物质落向中心，形成像太阳一样的恒星，而残余物质则集中在几颗围绕恒星运行的行星上。在我们的太阳系中，年轻时的太阳会吹出强烈而炽热的太阳风，这股风将大部分剩余的尘埃和气体吹到木星轨道及更远的地方，即遥远的"气态巨行星"的领域。岩石类的残留物构成了带内行星（小行星带以内的行星）：水星、金星、地球和火星。

行星开始时很小，就像宇宙中一团蓬松的尘埃球，微小的粒子通过静电吸附作用松散地结合在一起。爆发的太阳能或星云闪电将这些团块熔化成不大于 4.5 毫米的滴状物。这些球粒形的滴状物不断聚集，质量越来越大：从篮球到飞艇，最后变成一座小山。[16] 引力将无数沿轨道运行的岩石聚集成越来越大的星子，星子在能量越来越大的碰撞中融合。这些太阳系最早期的碎片现今仍然会以球粒陨石的形式落到地球上，这是你可以拿在手中的最古老的物质，而且它们并不罕见，你花几美元就能在易贝网（eBay）上买一块。

随着星子的直径增大到 100 英里（160 千米）或更大，热量促使星子内部熔化、提炼并分离出原始物质。铁和镍等致密金属向下沉淀，形成星子的核；密度相对较低的橄榄石和辉石晶体集合体覆盖了不断扩张的空间。热液在裂隙中循环，改变了岩石的结构，而在大型太空陨石的破坏性影响下，产生了新的、致密的"冲击"矿物。在这个过程的后期，一些包括地球前身在内的大型原行星（protoplanet）主宰了新兴的太阳系，它们就像巨大的真空吸尘器，清扫了大部分剩余的岩石碎片。地球与比它小的原行星忒伊亚（Theia）之间最后一次史诗级的碰撞，导致了后者的湮灭以及月球的形成。

随着月球的形成，熔融、受创的地球迅速愈合并冷却，形成薄而脆的地壳、厚厚的地幔和难以触及的金属地核。超高温的深循环热水和水蒸气筛选并浓缩了一些化学元素，将它们运移至这颗年轻行星较冷的浅表，在那里形成越来越多的新矿物，包括大量含碳矿物。

在经受了含有金刚石和石墨的太空陨石的冲击后，原地球（proto-earth）才刚刚开始对第 6 号元素的华丽探索。渐渐地，随着地球的演化，含碳矿物体系也在不断演化——数百种结晶方式，每种都具有独特的化学成分组合和晶体结构组合，每种都以不同的形式将碳与其他伴生化学元素结合在一起。每种矿物都见证了我们这个充满活力、不断演化的世界。

现今，含碳矿物随处可见 [17]——从加拿大落基山脉的巨大石灰岩山体到大堡礁的广阔珊瑚平台，从多佛白崖到海底无数微小贝壳的堆积物，含碳矿物俨然成为地壳中碳元素的最大储库。目前，已经发现超过 400 种不同的含碳矿物。此外，最近的研究表明，在我们周围还有 100 多种含碳矿物尚未被发现，它们隐藏在岩石露头（outcrop）中、炽热的火山口边缘、蒸腾的湖泊岸边以及废弃的矿山垃圾场等地。这些罕见的晶体形态有待发掘。

含碳矿物的多样性令人惊叹。它们的颜色多样，犹如彩虹般绚丽多彩，有火焰般的红色、热情的橙色、生气勃勃的黄色、迷人的绿色、惊艳的蓝色和浓郁的紫罗兰色。它们有各种色调（明暗度），如白色、灰色、棕褐色和黑色，有些是完全透明的，有些则是半透明或不透明的。它们的光泽也多种多样，金属的、哑光的、光亮的、树脂状的、蜡状的、乳白的或晕彩的。晶体的形态亦千差万别，有的为优雅的立方体和八面体，有的为纤细的针状、平板构成的簇状、尖尖的锥形，有的为不规则的块状、粗糙的贝壳状、柔和的球状和不规则的锯齿状——它们大小不一，有的肉眼看不见，有的比沙滩球（beach ball）还要大。

在地壳中，大多数碳原子与 3 个氧原子结合，形成一个微小的、平坦的三角形结构，即碳酸盐矿物中的四原子团簇（four-atom cluster）。这些原子堆积成了丰富多样的碳酸盐矿物，我们最熟知的可能是蜗牛和蛤蜊的坚固外壳、钙类膳食补充剂、大理石台面以及亮粉色的菱锰矿首饰等。

碳酸盐矿物（尤其是石灰岩和白云岩的沉积层）是地壳当中最大的碳储库，可能含有 10 亿亿吨碳 [18]，而这些碳比地球上层所有其他碳储库（如煤和石油、海洋和大气、植物和动物）总含碳量的 1 000 倍还要多。

　　很难想象，如果没有这些不同的含碳矿物及其他大量类似的合成矿物，现代社会将会是什么样子。含碳矿物在炼铁、锻钢、肥料生产、玻璃生产和水泥制造等方面发挥着关键作用，除此之外，它们还能被制造成各种产品，如清洁剂、烟花、陶瓷、药品、手术工具、炸药、珠宝和小苏打；可以降低自来水的酸度，去除发电厂中的污染物；可以作为用于加工工具的有效磨料，可以作为润滑剂应用在要求最严苛的工业领域。更重要的是，天然含碳晶体的多样性预示着合成材料领域巨大的发展潜力，我们可以根据自己的需求和意愿，对这些材料的工程特性进行改进。

　　通过探索各种含碳矿物多样的形式和隐秘的起源，我们了解了碳元素的秘密，也认识到地球上碳元素循环和储存的方式。随着对地球探索的不断深入，我们逐步对这些矿物进行分类、细化，甚至能预测可能存在的矿物。历经几个世纪的研究和发现，碳矿物学这门学科也在不断改进和完善。

　　要了解这段历史，我们必须回到2个世纪前的苏格兰，当时对含碳矿物的研究正处于一场似乎无法解决的地质学争论的中心。

碳酸盐矿物揭示地球的历史

　　人类社会的发展离不开石灰岩，它是一种表面粗糙、颜色呈灰白色且富含碳的岩石，广泛分布于世界各地陡峭的悬崖和曲折蜿蜒的山脉。这些古老丰富的沉积岩是逐层沉积而来的，有的由珊瑚和贝壳堆积而成，有的来自海洋或湖水中富含钙的化学沉淀物。每年有数十亿吨石灰岩碎石被出售，它们被用于公路、铁路、建筑物和桥梁的建造。作为一种地质资源，石灰岩的年销售额超过钻石、白银或黄金——你可能已经购买过一些石灰岩来加固你家的过道和露台。

　　人们利用石灰岩和它的"表亲"大理岩（在地球深部，石灰岩在一定的温度和压力下发生变质所形成的一类岩石）创造出了雄伟的建筑物和纪念碑，如埃及吉萨的金字塔和美国华盛顿的林肯纪念堂。各式富含大量贝壳类化石的石灰岩，常常被用来装饰建筑物、瓷砖地板和厨房台面。人们可以在花园或草坪上使用石灰粉来调节土壤的酸度，也可以服用钙片作为膳食补充剂。鸡（以及养鸡户）也受益于石灰粉补充剂，它使蛋壳变得更加坚固，因此鸡蛋在被运送到杂货店的过程中不易破裂。

石灰岩也可作为各种生产制造的基石。其中最重要的是生石灰（化学名称"氧化钙"）的生产，当石灰岩在石灰窑中被加热到大约 900 摄氏度时就会产生生石灰。生石灰（不要与放在草坪上的石灰粉混淆）的用途非常广，与水混合后即可形成坚硬耐用的固体，为建筑等提供白色装点。几千年来，生石灰一直是冶炼铁和其他金属的主要原料，提供了从化学上分离金属杂质的助熔剂。在每一个工业化国家的乡村，都有历史悠久的石灰窑，其中很多都是几百年前便开始的家庭作坊。

———

在 18 世纪，任何地质学家都熟悉用石灰岩制造生石灰的过程，这个过程在科学史上扮演了奇怪的角色。从真正意义上讲，石灰岩在当时威胁了地球科学的发展，可能会使其倒退数十年。

在 18 世纪中期，欧洲学者就水和热在岩石形成过程中扮演的角色展开了激烈的辩论，他们分别被称为水成论者和火成论者。[19] 水成论者，即一些明确有神创论倾向的人，认为大洪水是地质变化的主要推动因素。根据《圣经》（Bible）的记载，那场堪称全球性灾难事件的大洪水发生在 1 万年内。火成论者则认为，火山活动产生的热量是同样重要的变化因素，尽管它们需要更长的时间来创造出现代的地形地貌。

争论的种子在欧洲大陆萌发，研究水沉积物的地质学家自然倾向于水作用，而研究火山熔岩的地质学家则倾向于火的热作用。这一争议甚至出现在歌德创作的颇有影响力的戏剧《浮士德》（*Faust*）中，在其第四幕的对话里，魔鬼把火成论的观点阐述得很糟糕。到 18 世纪末，科学争论的焦点及其最终解决方案，已转移到苏格兰的开明城市爱丁堡以及詹姆斯·赫顿（James Hutton）的变革性的实地研究中。[20]

1726 年，赫顿出生于爱丁堡，是萨拉·鲍尔弗（Sarah Balfour）和威廉·赫顿（William Hutton）的 5 个孩子之一。威廉·赫顿是一位富商，在赫顿 3 岁时就去世了。赫顿的母亲非常重视教育，幼年的赫顿也不负所望，表现出对数学和化学的特殊天赋，后来这种天赋和兴趣贯穿了他的一生。赫顿先后在英国爱丁堡、法国巴黎和荷兰莱顿的大学攻读人文科学、医学、药学、化学。后来他前往伦敦，希望建立一个赚钱的医疗机构，但由于没有足够的病人，他又回到爱丁堡，开始做其他生意。此前，他开发了一种新的化学工艺，通过该工艺可以从爱丁堡的许多加热炉及工厂产生的大量煤烟和灰烬中提取氯化铵，这些氯化铵被广泛用作肥料。他将这种新工艺投入生产，以此为基础在爱丁堡经营化工厂，盈利颇丰。

财务上有了保障之后，赫顿将注意力转向了一个新的领域——农业化学。他继承了 2 个家庭农场，并利用这些农场进行实验以提高农业产量。在研究地表的各种岩石和土壤的过程中，他开始思考地质学的问题。

苏格兰的岩石表现出丰富多样的特征。有些沉积岩和火山岩还像刚形成时那样新鲜、平坦，有些则是破碎变形的。赫顿的住所附近也多有变质地体、冰川沉积物和大量火成岩，他驱车一天之内便可抵达。赫顿对苏格兰杰德堡附近西卡角（Siccar Point）的海崖尤其感兴趣，在那里他研究了相邻的不同岩层。他观察到，在海风和波浪的侵蚀作用下，年轻的红色砂岩和卵石沉积物所处的平缓倾斜的沉积层，陡然覆盖于较老、较暗、陡斜的砂岩层上。层与层之间的边界很明显，像是在水平沉积层产生之前，这组接近垂直的层已经被剪掉了一部分。如此独特的几何特征是如何产生的？

赫顿意识到西卡角悬崖每个方面的地质特点（事实上是苏格兰地质每个方面的特点）都可以简单地解释为是由我们周围逐渐发生的自然过程所造成的。一方面，新的沉积物缓慢地分层沉积，并逐渐被掩埋、加热、挤压，最后变成岩石，所有这些过程在岩石的分层中都有迹可循。另一方面，较老的岩石逐渐变形、隆起并被侵蚀，导致岩层净减少。西卡角悬崖以一个生动的视角揭示了全过程：较老的沉积物被挤压成平坦的层，被掩埋并变成岩石；这些岩层受到外力压缩，扭曲成紧密的直立褶皱；之后隆起的那部分受到侵蚀，古老岩石的顶部受到影响；再一次的埋藏和沉积循环产生了较年轻的平坦红色砂岩，此后又一次的隆起使红色砂岩层暴露在侵蚀中。

赫顿的解释没有什么新奇之处，除了"深时"这一概念。当时很多人认为地球的历史只有几千年，而赫顿则认为地球经历了几亿年甚至几十亿年一致、渐进的变化。他在对苏格兰的岩石的研究中形成了对地球历史的著名看法——"既没有开始的痕迹，也没有结束的征兆"（no vestige of a beginning, no prospect of an end）。[21] 赫顿 1795 年出版的两卷本著作《地球理论》（Theory of the Earth）虽然因为风格浮夸而导致影响力有所削弱，但却引发了科学范式的转变。

在当时的所有流派中，赫顿受经验主义精神的影响极深，经验主义是轰轰烈烈的苏格兰启蒙运动的主要特征。他从与数十位学者的交流中受益，这些学者既有来自爱丁堡皇家学会的科学家，也有当地俱乐部的常客，包括诗人罗伯特·伯恩斯（Robert Burns）、经济学家亚当·斯密（Adam Smith）和哲学家大卫·休谟（David Hume）等人。但是，真正以实验方式验证赫顿观点的却是苏格兰地质学家和地球物理学家詹姆斯·霍尔（James Hall）。[22]

詹姆斯·霍尔和"石灰岩争议"

像同时代的许多科学家一样，詹姆斯·霍尔出生于一个富裕的贵族家庭。得益于财富和特权的背景，他来到剑桥和爱丁堡的知名大学研究地质学、化学和自然史。他去往欧洲各地旅行，为自己的图书馆购买了许多科学书籍，并与现代化学的创始人之一、法国科学家安托万·拉瓦锡（Antoine Lavoisier）会面。传记作者们大都以全称来称呼霍尔——邓格拉斯的詹姆斯·霍尔爵士、第四代男爵，尽管他的声名更多地来自他的科学发现，而不是任何贵族血统或头衔。

旅行结束后，霍尔回到爱丁堡，亲身了解了他的朋友詹姆斯·赫顿的革命性观点。赫顿的地球理论建立在各种地质现象的基础上，其中包括熔岩与沉积层的相互作用，这种情况需要水和热的双重作用。赫顿意识到，当火山喷发时，熔岩从古老的沉积物中向上渗出，而"熔岩舌"（tongue of lava）则会渗透到地下深处的层间。这种岩浆侵入现象在苏格兰的多个地方都有表现，特别是爱丁堡荷里路德公园的亚瑟王座（Arthur's Seat）。这座被冰川侵蚀的小山丘为此类现象提供了教科书级的案例，更不用说西面城市的壮丽景观了。

但对于熔岩渗透石灰岩的情况，赫顿的理论仍有不足。热作用的反对者，也就是水成论者问道："在熔岩的高温作用下石灰岩是如何存在的？"人们都知道，过热的石灰岩一定会变成生石灰，正如它在石灰窑中发生的变化。因此，玄武岩、花岗岩和其他所谓的"火成岩"不可能存在于高温状态，它们一定是几乎与石灰岩同时从水中沉淀出来的。从旁观者的视角来看，这一反对意见无可辩驳，似乎是对赫顿理论的致命打击。赫顿反驳说，被深埋的石灰岩受到较大的压力，因此即使在高温下状态也一定可以保持不变。但是，谁又能在实验室中检验这些推测呢？

尽管霍尔对"火成论"持怀疑态度，但他设计了一种富有想象力的实验方案来解决这一冲突。霍尔通过一系列非常有独创性的实验来验证他朋友的假设，他也因此成为深碳研究的先驱。他坦率地承认："对于赫顿博士的理论，我们几乎每天都要产生争论。3 年之后，我渐渐不再反感他的观点。"[23] 在一组实验中，霍尔对玄武岩和花岗岩进行高温加热，以观察其变化。它们是否会像石灰岩一样分解，从而证明"火成论"是错误的？然而实验印证了赫顿的预测，霍尔在实验中所用的岩石熔化成炽热的熔岩，然后又冷却回原来的状态——这是一切火成岩的关键特性。

在 1798 年（赫顿去世 1 年后）的后续实验中，霍尔进行了伟大的进一步创新——对加热的样品施加压力。为了做到这一点，他把石灰岩和黏土塞进锯掉的枪管，将枪管焊死，然后将其放入加热炉中。高温条件下气体膨胀，压力远高于地表的大气压。霍尔的许多实验都因焊缝泄露或金属断裂而失败，并且至少有一次因为实验中的反应物未充分干燥而导致了灾难性的爆炸。"加热炉被炸成了碎片，"霍尔写道，"幸亏肯尼迪博士在场，我才死里逃生。"[24]

但是霍尔制作的某些填充了石灰岩的枪管非常牢固，他最终成功证明了石灰岩在压力下可以加热到高温（甚至高于其熔点）而不会分解成生石灰。1805 年，霍尔在爱丁堡皇家学会（数年后他成为该学会的主席）的一次会议上展示了他的革命性工作，"一系列实验表明，压力可以使热作用的影响发生改变"。霍尔不仅证明了赫顿的想法，而且还开创了一个高压研究时代，这项事业如今仍蓬勃发展，帮助我们揭示地球深部碳循环的真实情况。

地球上最稀有的矿物

石灰岩主要由无处不在的碳酸盐矿物——方解石（成分为碳酸钙）组成，虽然石灰岩是迄今为止地壳中最大的碳储库，但作为其主要组分的方解石只是数百种记录在案的含碳矿物之一。如果我们要了解地球中的碳，就必须将注意力从方解石等普通矿物转移到更奇异的矿物，因为每种矿物都具有独特的化学成分和晶体结构组合。我们必须聚焦地球上一些最稀有的矿物。

如果想要了解大自然的秘密，你就必须熟悉大自然的数据。每个科学家都曾痴迷于此，他们会花好几天时间思考图表、消化表格，大脑中充斥着一页页的细节，一边吃饭一边钻研清单，同时假装与同事和家人交谈，想着数字入睡，想着数字醒来，这是一种短暂的疯狂。如果足够幸运，如果对潜在逻辑足够敏感，如果大脑思路清晰，你可能会看到一些新的东西——一些从未有人见过的风景。

我承认，我也有过这样的经历。2015 年夏天，我花了一段时间沉浸在所有已知矿物（超过 5 000 种）的细节中。我潜心研究不同矿物复杂的化学作用和精细的晶体结构，以及它们的特性和形成模式、不同的地理位置和矿物组合。在好几天的时间里，我"两耳不闻窗外事"。同事们因我不及时回复电子邮件而恼火，家人也逐渐对我的漫不经心和冷漠产生不满。

5 000 多种矿物是很多，但如果足够专注，仍有可能在一周的时间里理出头绪。一周之内，你就能对矿物王国的广阔和丰富产生切身的感知。最让我印象深刻的是，常见的矿物是如此之少。不到 100 种矿物便构成了几乎所有的地壳，占据其体积的 99.9%。相比之下，大多数矿物都极为稀有，许多含碳矿物也不例外。

含碳矿物包含的不仅仅是金刚石和石墨。地质学家列出了 400 多种含碳矿物，每种都是碳和其他化学元素的独特组合，每种都具有独特的原子几何排列，具有规律性重复的晶体结构。其中一些矿物在各个大陆都有大量发现：如普遍存在的石灰岩峭壁和粉笔所含的方解石，珊瑚礁和蛤壳上的霰石，山上的白云岩，以及实用的菱镁矿。碳也有助于形成比红宝石和祖母绿次一级的半宝石，如精致的粉色菱锰矿、翠绿的孔雀石和深蓝色的蓝铜矿（我的最爱），它们同样美丽多彩。

相对于常见的含碳矿物，我们会发现种类远多于此的不为人知的矿物，而对于大多数普通人甚至大多数矿物学家来说，这些罕见的矿物都闻所未闻。大量极罕见的微观晶体仅存于世界上的一两处。科罗拉多州和犹他州的格林河油页岩有 5 000 万年的历史，在其一小块区域的钻洞中，人们提取到此处独有的微小的紫四环镍晶体（abelsonite）；美丽的天蓝色的化学式为 $Na_2Cu(CO_3)_2$（juangodoyite）的晶体，是智利伊基克省圣罗莎银矿所独有的；华丽的翠绿色威奇穆尔萨石（widgiemoolthalite，试着快读 3 遍）只产于西澳大利亚州威奇穆尔萨的爱德华兹山矿场；地球上所有已发现的赫鲁特方丹石（grootfonteinite）的微观晶体，都来自纳米比亚孔巴特矿山，用 1 个针箍（thimble）的空间装下它们便绰绰有余。

为什么会有这么多稀有矿物？为什么地球上的原子不能按照几十种最佳方式持续排列下去？这是我和我的同事从未想过的问题。就像碳一样，我们形成的"化学键"越多样化，我们的潜力就越丰富。这就是为什么拥有聪明、好奇、广博、热情的朋友是如此重要，他们不会局限于你的专业知识。拥有其他研究领域的同事也至关重要，他们敢于提出那些你所在领域的专家从未想过的、真正原创性的问题。对我来说，杰西·奥苏贝尔就是这样的朋友和同事。

杰西称自己为"工业生态学家"，研究社会中能源的供应和流动。他具有很强的专业背景，并对能源政策持有颇具煽动性且有见地的观点，因此闻名于世。杰西在纽约市洛克菲勒大学任教，这一平台促使他追求知识的多样化和创造性。他对列奥纳多·达·芬奇（Leonardo da Vinci）的艺术生活很有研究，能对从生物大灭绝到航空灾难的各种现象提出新颖而有说服力的理论。杰西还是研究海洋生物多样性和分布区域的权威专家，对使用DNA（脱氧核糖核酸）"指纹"来识别植物和动物物种方面也非常了解——这是一场全球范围内的工作，被称为"生命条形码"（Barcode of Life）。

杰西也是年轻科学家的良师益友，他通过复杂巧妙的程序和大胆创新的项目来训练、培养学生。2011年，他为曼哈顿三一学校（Trinity School）的学生凯瑟琳·甘布尔（Catherine Gamble）、罗汉·科佩卡（Rohan Kirpekar）和格蕾丝·杨（Grace Young）提供了研究茶成分的建议。[25] 事实证明，尽管许多茶的配方都是秘密，其关键成分从未透露，但是DNA测试可以测出任何种类的茶含有的微量成分，不论是立顿茶还是最具异国情调的亚洲混合茶。通过使用生命条形码技术，年轻的"侦探"们发现了一系列未公开列出的添加剂——欧芹、蓝草、紫花苜蓿，以及常见的藜属植物和红疗齿草。

1年后，也就是2012年，杰西为高中生凯特·斯托克尔（Kate Stoeckle）和路易莎·施特劳斯（Louisa Strauss）提供了研究建议，他们同样是三一学校的学生。斯托克尔和施特劳斯在十几家高端寿司店和鱼店冒充食客，在餐厅老板不知情的情况下采集样品。他们将少量生鱼样品带回实验室进行DNA图谱识别，结果令人极为震惊。四分之一的鱼被贴错标签，作为更昂贵的美味佳肴出售：比如常见的鳕鱼被当作红鲷鱼出售，普通的胡瓜鱼鱼子被当作飞鱼鱼子出售，廉价的罗非鱼被包装成昂贵的"白金枪鱼"。纽约的顶级新闻媒体报道此事后，引起了轩然大波。这一被称为"寿司门"的调查结果令许多享有声望的日本餐厅蒙羞，并促使美国食品药品监督管理局对鱼类的检测和标签制定了新的规章制度。[26]

杰西当然明白研究茶和寿司的社会意义，但他同样也看到了更宏大的一面：将科学带入人们的日常生活。他的这段话被《纽约时报》（*The New York Times*）引用，"300 年前，科学还不是那么专业化。而今历史的车轮再次转向，更多人可以参与进来"。[27]

作为斯隆基金会的项目主任，杰西推动了深碳观测计划的实施，也因此改变了我的生活。经过持续多年的拨款、研讨、提议和团队建设，我们现在正接近深碳观测的高潮。在深碳观测计划的整个发展过程中，杰西始终是一位充满活力、亲力亲为的同事，全身心地投入科学研究及项目规划过程。

2015 年 10 月，我和杰西在意大利那不勒斯附近著名的索尔法塔拉火山（Solfatara di Pozzuoli）度过了紧张的一天之后，进行了一次难忘的互动。我们去往该区域是因为它是一个复杂的矿化场所，这一活动带不断排放二氧化碳和富含硫的气体。红色、橙色和黄色的晶体鲜艳美丽，却是从富含硫、砷、汞和其他有毒元素的热气体中凝结而成的。发臭的火山烟雾却能够生成大量华丽的晶体，这一切都令我感到新奇，我从未见过如此壮丽的矿物学奇观。

那天晚上，我和杰西乘坐出租车穿越罗马，一起讨论矿物的多样性及其偏态分布（skewed distribution）。他问了一个大多数地质学家不会问的问题：为什么有这么多矿物是罕见的？我们立刻想到，如果我们要了解碳的所有形式，我们最好熟悉众多不常见的含碳矿物。为什么有数百种稀有含碳矿物？为什么它们每种都有独特的化学和结构组合？基于杰西关于奇异海洋生物的功底和我的矿物学背景，谈话就此展开。当出租车即将抵达目的地时，一个论文主题已经基本成型。[28]

我和杰西意识到，很多矿物不常见可能有如下 4 个不同原因。

第一，数千种矿物之所以稀有，是因为它们包含一种或多种稀有化学元素，这些稀有化学元素必须在矿物形成之前完成筛选和浓缩。这就是为什么含镉、碘、铼、钌的矿物相对较少，因为这些元素在地壳中的浓度连十亿分之一都不到。奇异的、不太可能的元素组合方式也会导致罕见性。铍和锑只在一种矿物中同时存在，即威尔士石（welshite）。威尔士石以比尔·威尔士（Bill Welsh）的名字命名，他是一位狂热的矿物收藏家（非常有幸，他是我八年级时的科学老师）。威尔士石只在瑞典历史悠久的隆班（Långban）矿区被发现。再比如，钒和钼只在特定地区的一种矿物中耦合，那就是纳米比亚赫鲁特方丹孔巴特铅锌矿的赫罗特石（hereroite）。

第二，有些矿物所含的元素非常丰富，但它们的形成条件比较苛刻。钙、硅和氧是地球上很常见的元素，但按照 3∶1∶5 的比例形成的矿物哈硅钙石（hatrurite），只在以色列的哈特鲁里姆（Hatrurim）地层中出现过。哈硅钙石形成的条件非常苛刻，仅在一定的化学成分范围内和极端高温（1 150 摄氏度以上）下才能结晶，只要条件稍微改变，例如遇到常见元素铝，就会形成其他矿物。

第三，部分矿物自身具有不稳定性，形成之后很快就会消失，这也是它们成为稀有矿物的重要原因。例如氯化锰具有吸水性，在潮湿的天气会分解；再比如我的同名矿物——黑烟石（hazenite），只在加利福尼亚州的莫诺湖中发现过，每逢下雨就会溶解，这种漂亮的小晶体其实是一种微生物粪便。[29] 其他一些稀有矿物在空气中会脱水，在阳光下会分解，或者干脆直接消失。其中一些矿物会经常出现，出现的地点比报道的要多，但要找到它们需要集齐天时地利。

第四，一些矿物很少得到报道，因为它们处于极偏远和极危险之地。

这些稀有的矿物标本可能来自活火山或深矿坑，也可能冻结在南极冰层中或埋藏在海底深处，也许它们普遍存在，但它们不太可能进入博物馆，更不用说成为业余矿物爱好者的收藏品了。

超过半数的稀有矿物至少具有以下 4 个特征之一：成分奇特，形成条件苛刻，生命周期短暂，所处环境恶劣。在极少数情况下，某种异常稀有的矿物会同时具备以上 4 个特征。以我在地球物理实验室的长期伙伴、同时也是我的矿物学导师拉里·芬格（Larry Finger）的名字命名的矿物芬格雷特矿（fingerite）就是一个典型。[30] 这种矿物罕见的原因有 4 个：（1）它具有特殊的铜 – 钒元素组合；（2）它要求这两种元素的比例为精确的 2∶1，如果比例为 1.5∶1 或 2.5∶1，则形成其他同样稀有的矿物；（3）每次下雨它都会消散；（4）它只在火山口附近炽热的气体环境中才能形成。这也就难怪芬格雷特矿只出现在萨尔瓦多西部伊萨尔科火山山顶危险的热气区了。

大多数矿物都是稀有的，认识到这一点具有深远的意义。稀有矿物指向了地球上一些奇异的地方，那里化学和物理条件的结合即便不是独一无二，也堪称不同寻常。富含镍和铜的热卤水被挤压到地下 0.5 英里（0.8 千米）处的石灰岩裂缝中，结果是可能形成一些圆形的深绿色镍孔雀石（glaukosphaerite）晶簇。黄色矿物菱镁铀矿（bayleyite）的微小玫瑰形晶体和棕褐色斯沃茨矿（swartzite）的结壳只生长在铀矿的壁上，而赫里特矿（hoelite）的金色针状体和铵基苯石（kladnoite）的透明叶片仅在煤矿发生火灾的地方附近凝结。

我们充满活力的星球在许多意想不到的环境中会使出相似的把戏。内部热、迁移流体和广泛且不可抑制的生命活动共同驱动化学混合作用，形成了奇特的矿物生态位（niche），进而造就了地球独特的矿物"生态"。所以，我们的地球家园不同于任何其他已知的世界，如坑坑洼洼的月球、快速移动的水星，甚至我们的红色邻居——火星。据推测，火星曾经像地球一样温暖潮湿，但相比之下其矿物多样性却显得苍白单调。

稀有矿物为我们这些以研究自然界晶体为生的人提供了一场科学盛宴。一方面，大多数稀有矿物都拥有未知的晶体结构，即全新的原子几何排列，这为寻找新的有用材料提供了信息；另一方面，稀有矿物还包含一些以前未经测试的混合物，这些新奇的物质也能指导新材料的发明。最令人振奋的是，了解所有稀有矿物或许是预测无数未被识别的矿物的关键，这些矿物一定存在于地表或地表附近，但尚未进入人类的视野。

大数据矿物学

预测未知矿物的关键在于对已知矿物的综合研究。深碳观测计划的工作之一是列出一份数百种含碳矿物的完整清单，无论常见或稀有，这些矿物中每一种都是地球上碳的独特存在形式。我们还需要知道这些矿物的具体数量，列出它们在全球范围内的位置信息以及不同产地（矿山、采石场、山峰、潮滩）中的共存矿物的清单。

大数据矿物学是预测地球未知矿物的关键。我们要建立一个囊括5 000多种已知矿物的数据库，这个数据库里还要有全球数百万个发现地的位置信息。然后，我们必须对这些数据进行深入挖掘，找到其中隐藏的规律，从而为我们预测未知矿物指明方向。

建立如此庞大的数据库需要一位具备以下特质的负责人：他要热爱这个课题，富有创造力和洞察力，擅长数据库软件开发技术，最重要的是，他要愿意为这个项目不惜投入巨量时间。图森市亚利桑那大学的矿物学教授鲍勃·唐斯（Bob Downs）正好符合这份工作的所有要求。为了建立一份世界上最完整的矿物种类及其性质的清单，他已经持续奉献了 20 年。

在选择应对这个艰巨挑战的人选时，其实唐斯并不是你会第一个想到的人。他是一个天性温和的加拿大人，很晚才进入科学领域。他在不列颠哥伦比亚大学时数学成绩优异，但毕业后却成为一名建筑工人，在西北领地（Northwest Territory）参与修建高速公路，在温哥华参与修建地铁，在不列颠哥伦比亚省参与修建铁路。有一段时间，在他父亲的安排下，唐斯在育空地区的十五里溪（Fifteenmile Creek）开采黄金，并在不列颠哥伦比亚省南部自己的山顶勘探区用炸药爆破坚硬的岩石，挖掘矿物标本。"我能得到免费的炸药，因为我有相应的人脉。"他补充道，"我虽然很笨，却足够幸运，所以免于一死。"在经历了如此长时间的冒险之后，唐斯才决定安定下来，在 37 岁时获得了弗吉尼亚理工大学数学晶体学博士学位。3 年后，他在卡内基科学研究所与我一起做博士后，之后他去往图森市的亚利桑那大学任职。

表面上看，唐斯是一个随和的人，但深入了解后我们发现，他对矿物研究抱有强烈的热情。几十年前，他意识到矿物学的数据来源非常分散，缺乏必要的规律性和严密性：记录所有官方认可的矿物的系统清单还没能够列出来，矿物的晶体结构需要准确测定，记录它们物理和化学性质的综合列表也有待整理。因此，他开始制作数据库，后来这个数据库成为世界上最全面的矿物数据库。

起初，他对矿物的最佳晶体结构数据进行的个人汇编，只是一项不为人知的、单纯出于个人热忱的小规模工作。作为《美国矿物学家》（American Mineralogist）和《加拿大矿物学家》（Canadian Mineralogist）等世界知名期刊晶体结构方面的编辑，唐斯能拿到数百张晶体数据表的第一手资料。他还意识到，目前为止还没有一份完整的官方认可的矿物清单。国际矿物学协会（International Mineralogical Association，IMA）的任务是审查来自世界各地的新矿物，验证自然界中发现的化学成分和晶体结构的每一种独特组合。但国际矿物学协会是一个志愿组织，多年来它的"官方"名单都像一个非正式的大杂烩，它的内容既没有得到系统更新，也没有在任何地方定期发布。于是，唐斯开始自己制作清单，同时与国际矿物学协会保持合作，以此增强清单内容的规律性。

资金彻底改变了这项原本小规模的工作。唐斯的天使投资人是迈克尔·斯科特（Michael Scott），这位亿万富翁是苹果公司的首任首席执行官，他于 1977 年加入史蒂夫·乔布斯（Steve Jobs）和斯蒂芬·沃兹尼克（Stephen Wozniak）的团队时，苹果公司才在车库里刚刚起步。斯科特是一位狂热的宝石收藏家，他收藏了大量完美的深色珍品，其藏品数量几乎超过世界上任何一个博物馆。他希望开发出一个能快速精确识别出这些宝石种类的方法，因此他与唐斯达成了一笔交易——斯科特出资500 万美元为唐斯的实验室置备最先进的仪器，并为收录矿物种类及其性质的数据库提供支持，而唐斯则协助鉴定斯科特的宝石。此外，还有一个附加条件：该数据库必须以斯科特的猫的名字——拉夫（Rruff）来命名。拉夫矿物数据库从此诞生。[31] 我们中的一些人认为，将这种内容资源称为"拉夫数据"会产生一些负面影响，但这就是协议的内容之一，拉夫这个名字已经无法更改了。

唐斯起初的想法只是收集大量数据，不一定要把每一种矿物都登记在册。但随着这项研究的发展势头不断上涨，唐斯雇用了一批本科生来输入重要的矿物数据，测量矿物的原子结构和光学特性，将特征标本存档于亚利桑那大学的矿物收藏库中并拍摄典型晶体的精美显微照片。他聘请了程序员来简化数据输入流程，添加新的数据字段，在此数据库与其他矿物数据资源之间建立链接，改善网站用户的使用体验。此外，他还招收了一批研究生，这些研究生通过研究矿物数据的收集和使用，最终成就了各自的事业。

通过建立拉夫矿物数据库，唐斯成为矿物学领域不可或缺的重要人物。他的网站拥有世界上最完整的矿物清单，而且每隔几天就会更新一次。拉夫网站每周有近 10 万次的点击量，学生、教师、业余收藏家和博物馆馆长等各类与矿物学有关的群体，都涌向他的网站。

拉夫网站的内容和规模仍在不断扩展。你现在可以按成分、结构或矿物组合来进行搜索。唐斯和他的同事最近添加了一个"矿物演化"的功能，将 20 万年来形成的矿物与数据分层结合。新的统计包和图形选项能够帮助用户更加智能地实现矿物数据可视化。唐斯在矿物学领域的专业知识使他成为火星科学实验室团队的一员，该团队负责远程控制好奇号火星车。因此，行星矿物学的有关内容也被添加到该数据库中。

现在，每个人都可以自由且免费地访问这个网站，浏览包含来自地球和其他星球的 5 000 多种矿物并由国际矿物学协会批准的完整矿物清单，获取各种矿物的重要统计数据。但了解目前已知的碳的存在形式只是预测未知矿物的第一步，我们还需要地球上数十万个矿产地的位置信息，包括矿山、山脉、采石场、露头、洞穴和悬崖。虽然建立这样一个清单比对 5 000 多种矿物进行编目要困难得多，但这却是我们了解地球含碳矿物数量的唯一途径。

全球矿物和产地数据库网站（Mindat.org）

为建立国际矿物数据库做出卓越贡献的第二位英雄是乔利恩·拉尔夫（Jolyon Ralph），他是一位敬业且严肃的英国人。通过收集共享的矿物和宝石数据，他建立了一个自己的小型数据帝国。与矿物学领域里的许多人一样，拉尔夫在孩提时就开始收集标本。他收集的第一个标本是在英国康沃尔郡著名的廷塔杰尔海岸的卵石堆中发现的一块水晶，那年他才 6 岁，这是他对矿物终生热爱的起点。40 多年过去了，虽然他的藏品越来越多，但他仍然保存着那块小石头。

拉尔夫的第二个爱好始于 1980 年，当时 10 岁的他被选中参加一个英国儿童计算机编程的试点项目，而后来他对编程的热情丝毫不减。他就读于著名的皇家矿业学院（Royal School of Mines），先是主修地质学，但不久就转到了计算机科学专业，并将其作为自己的职业方向。

全球矿物和产地数据库网站（以下简称 Mindat）是目前世界上覆盖范围最广的矿物产地数据资源网站，也是唐斯的拉夫矿物数据库的重要补充。它建立于 1993 年的圣诞节，起初只是作为拉尔夫的私人矿物清单，用来记录他自己的标本及其收集地点，但拉尔夫逐渐意识到这个数据库的潜力远不止于此。随着创建一个涵盖世界各地所有种类矿物的站点的想法逐渐成形，他不断给 Mindat 添加数据并增强其特色。得益于 Windows 操作系统（亦称视窗操作系统）的出现和互联网发展的强劲势头，Mindat 于 2000 年 10 月 10 日向公众开放。

独木不成林。数百年的矿物学研究产出了大量关于矿物种类及其产地的数据，整个过程得到了数以万计知识渊博且充满热情的收藏家的推动。数以百万计的记录详细说明了在哪些地方发现了哪些种类的矿物，许多记录被埋藏在以数十种语言写就的数不清的书籍和文章中。有些数量未知、有额外价值的矿物数据是隐藏在"暗"处的——未发表的信息碎片写在索引卡上，隐藏在文件抽屉里，潦草地记录在野外笔记本上，存储在过时的计算机里。拉尔夫的使命就是找到所有这些数据，然后将它们整理到一个稳定的互联网平台上，并提供给全世界。

许多人关心发现矿物的确切位置。地质学家想知道去哪里可以了解矿物的形成过程，收藏家想知道去哪里可以找到最好的展示标本，矿业公司想知道去哪里能赚得盆满钵满。但到目前为止，还没有一个统一的矿物位置信息清单。一些矿物学家进行了区域性研究——地质图书馆里有很多诸如《亚利桑那州矿产》（*The Minerals of Arizona*）和《喀尔巴阡山脉矿产》（*The Minerals of the Carpathians*）的图书。此外还有类似《死亡谷的矿山》（*Mines of Death Valley*）和《世界宝石》（*Gemstones of the World*）之类的评论性书籍，以及像《矿物学记录》（*Mineralogical Record*）和《矿物和岩石》（*Rocks and Minerals*）这样的知名矿物期刊，这些刊物上登载了大量关于世界上较大的矿物收集地点的带插图的故事，一般还附有精心编辑过的、来自高产矿山或著名地理区的矿物清单。但是，如果想对已知矿物有一个总体的概览，例如，把相对常见的矿物（如蓝铜矿或菱锰矿）的所有矿点制成表格，你将需要数年时间来检查成千上万个数据源，其中很大一部分还是用晦涩难懂的外语写成的。你还需要一大批热心的助手，而这正是拉尔夫所拥有的。

Mindat 的统计数据令人震惊。有近 5 万名注册用户为网站提供矿物照片和产地信息，并对矿物数据进行编辑。目前，他们已经上传了数十万张矿物标本的照片，覆盖全球 30 万个地点。"我从没想过会做到今天这个规模，"拉尔夫惊叹道，"我的生活现在全都围绕着它！"

拉尔夫现在全职经营和发展 Mindat，他也是第一个指出目前 Mindat 尚有许多不足的人。Mindat 在一些矿产资源丰富的地理区的覆盖率参差不齐，并且对不少地方的描述相当糟糕，他正尝试为这些地方添加 GPS（全球定位系统）坐标。另外，像 Mindat 这种数据资源极度丰富的网站，总是不可避免地存在一些令人烦恼的错误和偏差。有时候，收藏家识别藏品时会出现错误，比如，识别结果中很容易出现彩色晶体中的稀有矿物，而白色或灰色的常见矿物类型却很少出现。尽管如此，通过数十年的努力经营，拉尔夫的网站还是改变了矿物学，并为矿物学研究开辟了令人惊喜的新道路。

矿物生态学

多亏了唐斯的矿物综合名册和拉尔夫对矿物产地信息的大量汇编，深碳观测计划对地球上所有含碳矿物进行编目的梦想才终于有望实现。不过这些信息中蕴藏着什么秘密呢？这正是 2014 年我们开始在海量数据中寻找隐藏规律时所思考的问题。

最先令我们感到震惊的是地球矿物的偏态分布，偏态分布是生态系统中一种常见的分布模式。有几十种矿物出产于几千个不同的地点，而其他大多数矿物则极为罕见。据估计，6 种常见的长石矿物构成了地壳体积的 60%，[32] 而其他几十种常见矿物几乎构成了地壳剩余的全部体积。相比之下，世界范围内有超过 1 200 种矿物只产自某个独特的地区，有 600 多种矿物只来自 2 个产区，还有近 400 种矿物只产自 3 个产区。对 Mindat 矿产位置的全面检索显示，所有记录在案的矿物中，有一半以上的种类都来自 5 个或更少的产地。由此我们得出了一个惊人的结论：大多数种类的矿物其实都非常稀有。

于是我们开始猜想，这种常见种类很少，而稀有种类却极多的偏态"频率分布"，是不是也存在于自然界的其他领域？[33] 社会学、经济学、地理学或其他领域会不会也显示类似的分布规律？这种以稀有种类为主导的分布规律是否可以用一种既定的数学方法来描述，以便我们了解矿物及其地理分布？

而答案像往常一样来得出其不意，解决这个问题的灵感来自一次林中漫步，一个看似与问题毫不相关的场景。2014 年 6 月，卡内基科学研究所的新任所长马修·斯科特（Matthew Scott）邀请我去他位于帕洛阿尔托的家，一起讨论科学、生活和研究所的未来。马修的多学科思维能力很强，对很多广义概念充满热情，与我志趣相投。他在细胞与发育生物学领域做出了革命性的贡献，并领导了颇具野心的斯坦福大学 Bio-X

实验室。该实验室聚集了一批从事前沿交叉学科项目的研究人员，将生物学与医学、工程、物理学、化学联系起来。马修引入了 10 亿美元的资金，为实验室购买最先进的设备。现在，他踏上了新的征程：领导著名的卡内基科学研究所，把对地球、太空和生命科学的研究进行融会贯通。

我们没有坐着聊天，而是一起散步。我们先走过风景如画、岩石林立的北加州海岸，又走到附近一片生长着巨大古树的红杉森林。当经过气势磅礴的针叶树时，我被动植物的偏态分布所震撼。生态系统的大部分生物量（biomass）储存在巨大的红杉树中，而其余生物量的大部分又储存在其他大型优势树种和灌木中。但事实上，生物多样性却主要体现在更小的物种中，例如苔藓、蕨类植物、昆虫、鸣禽以及五颜六色的加州香蕉蛞蝓，更不用说无数肉眼看不见的微观生命形式了。我边走边想，生态系统中生物量的分布模式能否用来模拟地球上矿物的分布情况呢？

几天后，在搜索频率分布的相关文章时，我意外找到了突破口。[34] 答案来自"单词"。事实证明，一本书中单词的分布与地球上矿物的特征分布非常相似。请观察一下你现在正在读的这本书，和其他人一样，我经常使用诸如"a""and""the"之类的单词，而且这些单词中的每一个我都可能使用数百次。换上其他常用词就更适合我们正在讲述的这个故事了，"矿物"（mineral）、"金刚石"（diamond）和"碳"（carbon）这些词不断涌进我的脑海。

你可能见到过"词云"（Wordle），这种图形会突出显示一个文本中常用的关键词，你在其中是看不到那些不常用的、只用过一两次的词的，但很多不同的词都属于这一类。在这本书中，"词云"一词只出现了 1 次——哎呀，我想现在是 2 次了。"乔叟"（Chaucer）、"罗非鱼"（tilapia）和"威奇穆尔萨石"（widgiemoolthalite）这 3 个词也是同样的情况。事实上，通过对这些不常用的词进行分析，我们可以准确推断出一本书的主题、体裁甚至作者。如果你找到了一份旧手稿并想知道它是谁写的，那么通过手稿里那些不常用的、独特的单词或短语，你可能会发现它是狄更斯（Dickens）、乔叟或莎士比亚（Shakespeare）的不为人知的旧迹。

这种同时具备少数常见元素和众多稀有元素的模式被称为"大量稀有事件"（Large Number of Rare Events，LNRE）分布。你可能认为针对LNRE 分布的研究属于应用数学领域某个偏僻难懂的角落，只有少数历史学家和文学家会感兴趣。恰恰相反，全球反恐战争的需求使"词汇统计"成为一个热门话题——负责国家安全的相关部门想知道谁给谁发送了信息，信息的内容是什么。即使只是一封电子邮件、一个简短的文档或一份电话交谈的记录，通过进行 LNRE 分析，相关人员也可获得引人注目的线索。LNRE 研究项目自然获得了大量的资金支持。近年来出现了关于 LNRE 分析的包含大量数学公式的厚重教科书，相关的复杂统计软件包也可免费在线获取。

只有心态强大的人才能研究复杂的数学，并且很少有矿物学家知道如何破译晦涩难解的 LNRE 方程，更不用说将它作为一门新的专业学科来研究了。2015 年，我有幸与格蕾特·希斯塔德（Grethe Hystad）合作，当时希斯塔德是亚利桑那大学的应用数学讲师，也曾是唐斯的曲棍球队队友。能找到希斯塔德这样的合作伙伴是很多科学家的梦想。她在数学上极有天赋，渴望学习新的知识，富有创造力，并且她会是你身边最努力的那个人。

希斯塔德出生于挪威，其血统可以追溯到维京时代。她童年的大部分时间都在家族的农场度过（该农场已传承了 16 代），她曾自豪地说，在她家农场上曾发现过堪比国宝的铁器时代的珠宝。希斯塔德还是一名狂热的运动员，曾效力于挪威足球甲级联赛。1994 年，在来美国攻读研究生之前，她还在利勒哈默尔冬季奥运会传递过奥运火炬。她在亚利桑那大学获得博士学位后便在该校数学系担任讲师，直到她获得普渡大学西北分校的教授职位。

希斯塔德倾向于将成熟的数学形式应用到新的自然系统，如地球上矿物的分布。她沉浸于阅读与词汇统计相关的文献，挑选并修改了相关程序，然后迅速证明了地球上矿物的自然分布完美符合两种著名的LNRE 分布——"有限齐普夫 - 曼德尔布罗特"（finite Zipf-Mandelbrot，fZM）分布和"广义逆高斯 - 泊松"（generalized inverse Gauss-Poisson，GIGP）分布。[35]

随后我们在一个被称为"矿物生态学"的领域有了一大批新发现，这也呼应了针对物种分布的生态学研究。[36] 我们发现 LNRE 分布也适用于各种矿物的子集，特别是那些含有特定化学元素（如硼、钴、铜和铬）的矿物。对碳的详细研究进一步深化了这一观点，揭示了含有碳与氧、氢、钙结合形成的化合物的较小矿物群的 LNRE 分布。

LNRE 矿物分布模型的有趣之处在于，它表明了一个经验法则，这个法则与我们从矿物大数据库中得出的"大多数矿物是稀有的"这一结论相一致。从这种方法中获得的信息还远不止这些。数学模型的宝贵之处不仅仅在于它们能将我们已知的知识系统化，这些模型还常常超越我们对自然的单纯描述，超越我们的认知范畴，对我们未知的事物做出预测。希斯塔德表示，LNRE 模型不仅量化了已知矿物的分布，还预测了尚未被发现和描述的矿物的分布。通过 LNRE 模型，我们可以预测地球上"缺失的矿物"。[37]

以下是它的工作原理。想象一下，你是一名航天员，登上了一颗尚未被探索过的类地行星，在那里你的任务是制作一份这个星球上尽可能完整的矿物清单。你捡到第一块岩石，然后将这块岩石里的几种新矿物记录在你的清单中。然后你一块又一块地捡起其他不同的石头，在你寻找新矿物的初期，清单迅速扩大。但是几周后，在你对数千个样品和数百种不同种类的矿物进行编目后，你会发现新矿物的出现变得不那么频繁了，最终你只会偶尔发现一些奇怪的、罕见的矿物。

如果你绘制一幅图像，横轴代表不断增加的检测过的矿物标本数量，纵轴代表矿物种类的数量，你将看到一条典型的"累积曲线"：该曲线的左侧呈急剧上升趋势，右侧则逐渐趋于平缓。根据该曲线，你可以向右外推很远，来估计矿物种类的总量，其中包含许多种尚未被发现和描述的矿物。毫无疑问，即便是接近这个预测数字，也仍需多年的探索，更别提要达到这个数字了。不过可以肯定的是，还有许多未知的矿物等待着眼光敏锐的矿物学家去发现。

利用 LNRE 分布计算累积曲线的方法十分巧妙，这个方法是希斯塔德运用数学技巧从 LNRE 统计数据中得到的。我们的首次合作成果发表于 2015 年，当时只有大约 4 900 种已知矿物，我们预测至少还有 1 500 种矿物有待发现。一个有越来越多研究生、博士后和资深科学家加入的团队已经将后续研究瞄准了未知矿物的细节。据我们预测，还有 100 多种硼矿物、大约 30 种铬矿物和大约 15 种含稀有元素钴的矿物未被人类发现。随后进行的对于许多其他化学元素的研究，也都是基于对矿物数据统计趋势的分析。

我们对 400 多种含碳矿物和 Mindat 上提供的近 8.3 万条含碳矿物的性质及位置数据进行了详尽研究。[38] 我们发现，LNRE 分布曲线与真实数据完美契合，有 100 多种已知的含碳矿物每种只来自某一产地，有大约 40 种已知含碳矿物每种只来自 2 个产地。由此产生的累积曲线表明，有近 150 种含碳矿物尚未被发现和描述，它们可能存在于地表或近地表区域，这是一个诱人的前景。随着研究推进，我们发现在未知的近 150

种含碳矿物中：有近 90% 可能含有最常见的矿物组成元素——氧，几乎同样的比例也适用于氢；有数十种可能含有钙元素和钠元素，它们作为矿物的基本构建模块。

掌握了这些信息，我们就可以相对容易地进行下一步工作，预测可能会发现的未知矿物的特性以及它们所在的方位。其中一些潜在的矿物其实是众所周知的合成化合物——例如钠和钾的碳酸盐。这些矿物通常呈白色或灰色，结晶性差，易溶于水，所以每次下雨后它们就会消失，也难怪这些矿物很容易被矿物爱好者或矿物学工作者所忽视。我们的建议是去坦桑尼亚东非裂谷的纳特龙湖边寻找新矿物，那里富含钠。这当然不是一件容易的事情，因为湖边已经被大量白色硬壳状矿物所覆盖，但如果你很清楚自己要找的东西，这个过程或许会变得容易一些。

我们可以通过考虑已知含碳矿物的"化学近亲"来推测其他未知含碳矿物。我们列出的未知含碳矿物中包括含铁、铜和镁等元素的类质同象（isomorphism）替代物的碳酸盐矿物，这些可能是最容易找到的未知含碳矿物。通过矿物生态学，我们研究的范围已经超越了"寻找地球上所有形式的碳"这一深碳观测计划最初的科学目标。整个矿物学史上，我们第一次预测了如此多的未知矿物。

最终，我们公布了我们的预测清单。我们认为目前地球上还有近 150 种未知含碳矿物，同时也给出了明确的探索方向，现在是时候去验证我们的预测了。

含碳矿物的挑战

几个世纪以来，矿物学一直是一门观察性的科学，几乎每种新矿物都是在偶然间被发现的。稀有的钠钾云母是研究人员在分析普通黑云母的过程中偶然发现的，纤维状矿物镁川石一直被误认为是角闪石类矿物。

常言道，世上并不缺少金子，而是缺少发现金子的眼睛。尽管存在一些规律，但不可否认的是，在目前已知的 5 000 多种矿物当中，只有极少一部分是在发现之前就被预测过的。

矿物生态学的研究正在使这种传统发生变化，我们开始可以预测未知矿物，包括这些稀有矿物的性质和位置。我们知道坦桑尼亚的纳特龙湖是寻找新的碳酸钠和碳酸钾矿物的绝佳去处，同样，人们在魁北克著名的普德雷特（Poudrette）采石场找到了许多碳酸锶矿物，而其他类似的碳酸锶一般被认为只是合成化合物。

实际上，如果你真的想找到新的碳酸锶矿物的话，没有必要亲身去往加拿大的采石场（尽管这样的探险对于任何一位矿物学家来说都是一种享受）。你只需去博物馆，打开装满来自普德雷特采石场标本的抽屉，仔细观察这些标本上是否存在未被人发现过的微小矿物晶粒。煤和油页岩中肯定也有新的含碳矿物，我们已经从中发现了十几种罕见的晶体，这些晶体由微小的含碳"有机"分子组成，它们来自富含晶体的煤层和富含油的页岩层。当然，肯定还有很多的有机矿物有待发掘，要找到它们，你可以剖析、检测那些来自已经发现过特殊矿物的地方的煤和油页岩样品。

为推动这项新的矿物学事业的发展，深碳观测计划于 2016 年发起了含碳矿物挑战赛。这项寻找未知含碳矿物的国际探索听起来是一个不错的想法，但我们需要一位有超凡魅力的领导者，他不仅要能够在全球范围内激发人们对这项研究的兴奋性和使命感，还要能够与世界各地的矿物博物馆领导或者收藏家进行交涉。丹·赫默（Dan Hummer）是不二人选。

你很难忽视丹，这不单单是因为他健壮的身体和近 2 米的身高。丹总是散发着热情，面带自然的微笑，他谦逊、善良、慷慨，这些品质让他显得与众不同。不仅如此，他的惊奇和热情伴随着"啊，什么"这样的声音感染着周围的人，这也许是受他艾奥瓦州血统和内心深处好奇心的影响。当丹说还有很多含碳矿物未被发现时，每个人都点头认同并开始进行这方面的工作。

丹之前在我这里做博士后，最近刚在南伊利诺伊大学任助理教授，他深知深碳观测计划的处境。整个计划成功与否取决于对地球复杂的碳循环是否了解，而如果我们不了解碳美丽而多样的存在形式，我们就无法弄清楚碳循环。近 150 种含碳矿物的缺失是我们理解碳元素在自然界存在形式的一个巨大障碍，丹下定决心要填补这个空缺。

来自世界各地的矿物爱好者及矿物学专家都踊跃加入这项工作，新的发现如雨后春笋般涌现。在发起含碳矿物挑战赛的第一年，就有 9 种新的含碳矿物[①]获得国际矿物学协会的认证。阿贝拉石（abellaite）是我们发现的第一种新矿物，它是一种含钠元素和铅元素的碳酸盐矿物，化学式为 $NaPb_2(CO_3)_2(OH)$，产自西班牙加泰罗尼亚，带有一簇簇淡绿色的细小针状体。令我们感到欣喜的是，阿贝拉石正是我们 2016 年公布的预测清单中的一员。我们发现的第二种新矿物是丁努库鲁斯石（tinnunculus），它是由红隼（Falco tinnunculus，这也是该矿物名称的由来）的粪便与燃烧的俄罗斯煤矿所产生的热气相互反应而形成的。[39]（好吧，我承认我们没有预测到这一点！）之后我们还发现了产自德国的蓝色的马克利特石（marklite）、产自澳大利亚的绿色的中巴基特石（middlebackite）和产自美国犹他州的呈淡黄色的利奥西拉丁酯石（leószilárdite）。第六种新发现的含碳矿物是拥有可爱的金丝雀黄色的埃文吉特石（ewingite），它是来自捷克共和国亚希莫夫（Jáchymov）矿区

---

① 在本段中，作者仅选择性介绍了其中 7 种。——编者注

的一种新的碳酸铀，该地区以盛产稀有含碳矿物而闻名。第八种新的含碳矿物是氟碳钙镧矿（parisite），这是一种含有稀有元素镧（La）的碳酸盐矿物，它也在我们的预测清单当中。

目前，在预测清单中还有100多种含碳矿物尚未被发现，含碳矿物挑战赛也还会继续。尽管我们对找到所有含碳矿物不抱太大希望，可正如丹所说的那样，"这一定是一次有趣的尝试"。

目前，自然界中绝大多数含碳矿物都是在地表或地壳浅部被发现的。但其实在地球深部还隐藏着更深层次的矿物学秘密，这些矿物在地幔和地核的极端温度和极端压力条件下形成。对于它们我们看不见摸不着，要了解这些神秘的矿物和它们所处的环境，需要一群特殊的科学家操纵复杂的研究工具，他们就是矿物物理学家。

发展部

地球深部碳

在地表之下数百英里处，隐藏着一个令人难以接近的神秘区域，极端的高温和高压是塑造地球内部的两种力量。在这里没有生命存在，原子间相互碰撞、结合，形成高密度的矿物晶体。我们的主要活动范围位于地球的坚实表面，岩石屏障阻碍了我们想要探索地球所有区域的努力。

在我们脚下 100 英里（160 千米）、1 000 英里（1 600 千米）深处，到底还隐藏着多少秘密呢？

深碳矿物学

无论我们的含碳矿物清单看起来多么全面丰富，也都只是很小的一部分，因为我们只探索了地球表层 1—2 英里（1.6—3.2 千米）的深度而已，几乎所有已知矿物的形成和开采过程都来自那个薄薄的岩石外壳。其中大部分矿物都来自浅表，比如从风化的矿山废石堆里收集到的矿物，又或者由猎鹰粪便阴燃形成的矿物。

在深碳观测计划中，我们渴望了解更多。我们想深入探索人们无法接近的地球深层领域——地幔和地核。在那里，巨大的压力和超高的温度压缩、炙烤着碳及其伴生元素，并将它们转化为新的、致密的形式，而后这些新形式的含碳物质随着地球的物质循环逐渐进入人们的视野。地球上绝大部分碳都被封锁在地球内部，因此我们必须解开地球深处的秘密。对我们而言，地球就像一个巨大的球形拼图，只有它的几个边缘部分的位置是确定的。我们希望能够填补含碳矿物拼图中缺失的部分，可是这件事说起来容易做起来难，越往地球深部前进，我们遇到的挑战也越大。

在已知的 400 多种含碳矿物中，高压矿物屈指可数。[40] 在地球深处的极端温度和压力下形成的含碳地幔矿物当中，金刚石是最显著的例子，另一个可能的候选者是高密度碳硅石，它拥有由碳原子直接与硅原子结合形成的类似金刚石的结构（一种明显缺少氧原子的结构）。由于碳化硅晶体的物理特性与金刚石非常相似，因此合成碳硅石经过刻面和抛光后便成为金刚石相对廉价的替代品。通过对金刚石内的包裹体（inclusion）的研究，科学家发现了一些其他含碳地幔矿物存在的可能，例如碳原子与铁、铬或镍等金属原子结合形成的含碳矿物。这些发现只是基于一部分来自地球深部的天然样品，这不禁让我们思考，在地球深部还会有哪些含碳矿物呢？

研究地幔矿物的常规办法是将普通的地壳矿物置于相当于地表以下

100 多英里（超过 160 千米）的极端环境中进行观测，比如常见的方解石就常常被用来做实验模拟。我清楚地记得我曾拜读过比尔·巴西特（Bill Basset）和他的研究生利奥·梅里尔（Leo Merrill）的开创性著作，他们首次研究了一系列超高压作用下致密的方解石。[41] 当我还是一名初出茅庐的、忙于寻找好的论文课题的研究生时，巴西特给出了一个对我充满吸引力的方向——高压晶体学。

与巴西特一样，很多科学家都认为"深碳"其实就是"高压碳"。因为越深入地球内部，物体受到的压力就越大。地幔里的矿物承受的压力可达数十万个大气压（地幔最深处可超过 100 万个大气压），而地核中的压力则超过 100 万个大气压。在苏格兰人詹姆斯·霍尔的枪管实验中，模拟超过地下 1 英里（1.6 千米）的条件已经极具挑战性了。因此你会发现，模拟地幔环境是一个非常棘手的实验。

对从事晶体学研究的实验人员来说，另一个挑战是如何实现在模拟超高压环境时晶体样品不会被压成粉末。这是一场权衡的游戏。若想达到尽可能大的压力，就需要让尽可能小的面积承受巨大的作用力，可是面积太小又很容易导致微晶样品被压碎。那么如何才能在高压下进行测试但又不破坏微晶样品呢？这个问题比较复杂，因为你的加压样品必须密封在坚固的保护室中，在这种情况下该如何实现有效的实验呢？

20 世纪 50 年代，美国国家标准局（National Bureau of Standards，NBS）提出了解决这一问题的成功方案，当时 NBS 的科学家偶然获得了一个研究金刚石的机会。他们得到了一大批从走私者那里缴获的经过切割的金刚石，并被告知可以拿这些金刚石做任何他们想做的实验。随后，其中数以百克拉①计的、价值连城的璀璨珍宝，在科学家徒劳地寻

---

① 宝石的质量单位，1 克拉等于 200 毫克，即 0.2 克。——编者注

找其中杂质的过程中被燃烧一空（结论是，宝石级金刚石中的杂质并不多）。其他的金刚石，包括一颗价值不菲的重达 8 克拉的金刚石，被切割、钻孔、打碎。

正是在这些可以称得上是"滥用"的试验中，NBS 的科学家阿尔文·范瓦尔肯堡（Alvin Van Valkenburg）意识到金刚石在高压条件下具有无可比拟的双重潜力，既可作为限制和挤压样品的强大压力容器，又可作为一个了解压缩样品的有效窗口。范瓦尔肯堡将一对被完美切割的金刚石进行配对，其中每颗金刚石的尖头都被削平，以便将压力集中在"金刚石对顶砧"。[42] 他采用了一个简单的虎钳状设计，既可以让金刚石相互挤压以产生巨大的压力，同时也能保护晶体样品。

我们一层一层地来组装金刚石对顶砧的样品室。其底层是一块平坦的钢板，钢板上钻有一个小的圆柱形通孔。取第一个金刚石砧并将其放在孔的正上方，中心砧面朝上。接下来一层是从厚度不超过 0.02 英寸（0.51 毫米）的薄金属板上切割下来的"垫圈"。垫圈上的一个小孔对准金刚石的中心，可作为样品室的圆柱形壁。将以下 3 种材料装入样品室：首先是晶体样品（用少许凡士林固定）；然后是小颗粒的压敏红宝石或其他材料，将其作为内部压力测量工具；最后，往样品室内加满水或其他传递压力的流体。把第二颗金刚石在垫圈上定位好，中心砧面朝下，在其背面放上第二块钢板，然后将样品室密封。样品室组装好之后，就可以用类似虎钳的设备对其进行加压。如果你严格按照要求进行组装，那么所有的圆柱孔都会处于同一轴线，这时就可以透过金刚石看到一个令人惊叹的、从未见过的超高压世界。

NBS 团队利用这个新"玩具"开启了高压研究领域的新篇章。他们惊奇地发现，纯净水变成了高压冰，酒精结晶成锋利的针状晶体。他们用精密的光谱仪测量光与物质相互作用后产生的戏剧性变化，另外他们还利用 X 射线对样品进行照射，以此来观察矿物内部原子重新排列的方式，即矿物在受到挤压时如何形成更致密的结构。

范瓦尔肯堡和他的 NBS 团队取得了引人注目的成果，20 世纪 70 年代初，当我读到他们突破性的报告时，我获得了对这个曾隐藏在深处的神秘世界的惊鸿一瞥，就在那一刻，我明白了我此生想做之事。

在高压下用 X 射线照射晶体

当深碳观测计划的科学家谈论找寻碳的所有存在形式时，我们脑海中会浮现出一个特别的画面，我们会想到原子。你身边的所有物质，包括所有的固体、液体和气体，都是由原子构成的。晶体之所以拥有独特的魅力，便是因为其内部的原子在空间呈周期性重复排列。每种矿物都有其独特的"原子拓扑结构"，即"晶体结构"。

压力为晶体结构增添了一些小"褶皱"。随着矿物承受的压力越来越高，其内部的原子将越来越紧密地排列到一起。如果我们要了解地球深部碳的存在形式，那么我们必须找到那些在超高压条件下形成的致密的晶体结构。

我们可以通过 X 射线衍射巧妙地测量晶体的原子结构。X 射线是一种高能量的光波，在性质上与可见光和无线电波相似，但其波长要短得多，只有十亿分之一英寸（2.54×10^{-11} 米）左右，这接近晶体中原子层之间的平均间距。当用 X 射线照射晶体时，晶体中规则的原子排列就会使 X 射线产生规则的衍射图像，可据此计算出各种原子间的距离和空间排列。

NBS 团队原始的金刚石对顶砧是一个巨大的进步，但它最初的设计体积太大，无法安装在标准的 X 射线束中。更重要的是，NBS 团队设计的钢支撑系统阻挡了大部分 X 射线的照射。1974 年，梅里尔和巴西特在著名杂志《科学仪器评论》（*Review of Scientific Instruments*）上发表了解决方案，并附上了详细的机械图纸。这个方法是构建一个微缩版的金刚石压腔（diamond anvil cell，DAC），用能使 X 射线透过的金属铍代替钢背板。[43] 一个带有 3 个螺钉的三脚架为梅里尔和巴西特的装置提供挤压力。

　　他们的第一个实验以方解石为主要材料。方解石内部的原子会在高压下转变为较致密的原子排列，在约 1.5 万个大气压和 2 万个大气压的条件下分别转化为"方解石 - Ⅱ"和"方解石 - Ⅲ"，这个压力范围与我们脚下几十英里处的地幔最上部相当。梅里尔和巴西特无法破译这些结构中的所有细节，但他们确实为我们呈现了原子排列中出现的轻微扭曲，这些扭曲表明了更紧密的原子排列和较低的晶体对称性。

　　我急于尝试这种新方法并把它应用到我的博士论文中，为此我联系了巴西特，想听听他的建议。换作别的科学家，他们可能会犹豫不决——既然自己拥有了强大的新技术并且还有大量需要解决的问题，何必耗费精力去给自己制造竞争呢？但巴西特不一样，他不辞辛劳地帮助了我。他让他的机械车间为我制造了一个新的金刚石压腔，以成本价卖给了我，然后专程从纽约州的罗切斯特市来到马萨诸塞州的剑桥市，教我如何使用它。

　　巴西特还帮助了很多其他科学家，助力高压晶体学领域蓬勃发展。多亏了巴西特开拓性的努力，方解石领域的研究一直让很多人着迷。现在我们已经知道，在约 8 万个大气压下，至少出现了 6 种发生结构变化的碳酸钙，而且每种都包含典型的三角形微粒碳酸盐，即 3 个氧原子整齐地围绕 1 个碳原子。在相当于上地幔处的压力环境中，铁、镁、锰以及其他元素的碳酸盐矿物表现出类似的情况，顺便一提，在 DAC 晶体结构研究中，这个压力范围相对容易实现。因此，我们现在知道地球深部矿物与近地表矿物的性质是不一致的。

更高的压力

要在地幔过渡带和下地幔超过 10 万个大气压的极端条件下探测晶体结构，存在许多新的挑战。将原子键合理论应用于该问题是一项成功的解决策略。量子力学的进步催生了复杂精妙的晶体结构数学模型，计算技术可以准确地再现在地壳中发现的许多天然材料以及合成化合物的结构，其中一些合成化合物在于实验室中被合成之前就被理论预测过了。[44]

上述研究过程的实现需要一些数学技巧和一台功能强大的计算机，这些计算方法也可以扩展到高压和高温的情况下。计算机模型再次被证明是非常成功的，它们复制了一般矿物在高压条件下向致密地幔矿物转变的过程（尽管它们不能每次都精确地预测出新的地幔矿物在多大的压力下出现）。对于实验而言，每增加一次压力都会增加实验的复杂性，但量子计算不同，增加 100 万个大气压甚至更高的压力都很简单。

不出所料，实验结果显示，越是深部的矿物其结构越致密。像方解石和白云石这类碳酸盐矿物，密度最初的增加源于我们熟悉的碳酸盐三角形（CO_3）与其他原子逐渐紧密结合，但这种平面三角形的重新结合只能达到非常有限的程度。当超过 50 万个大气压时，我们需要一个不同的策略，所以这时碳酸盐矿物效仿了金刚石的结构形式。我们已经知道，从石墨到金刚石的转变过程的特征是碳的结构会从三角形转变为四面体。与之类似的是，计算机模拟结果显示，高压下碳酸盐中碳原子周围氧原子的排列形式也将从三角形转变为四面体。

矿物学家很快意识到，含四氧化碳（CO_4）的高压碳酸盐矿物可能与地壳中大量发现的常见的硅酸盐矿物有相似之处，这些矿物含有由 4

个氧原子组成的四面体结构，硅原子位于四面体中心。数十种我们熟悉的硅酸盐矿物——云母、长石、辉石、石榴石等，在地壳矿物学中占据主导地位。地幔中的碳酸盐矿物中是否也会出现类似的结构类型？理论学家肯定地预测，存在于下地幔的碳酸镁应该具有精美的辉石结构，也就是四氧化碳四面体的长链角角相连的结构类型。

　　尽管这些预测看起来十分迷人且合理，但大多数地球物理学家还是希望通过实验来证明——在看似不可能的极端条件下进行 X 射线晶体学的实际验证，不过当时这类研究所需的技术水平令人望而却步。在 20 世纪七八十年代，我们采用了当时最先进的方法，也就是采用直径为 0.01 英寸（0.25 毫米）的"大"晶体，并综合利用梅里尔和巴西特提出的 DAC 方法以及在任何晶体学实验室都可以找到的传统 X 射线源。运气好的时候，我们的实验可以达到 10 万个大气压而不破坏样品或弄裂昂贵的金刚石砧。这种高压 X 射线实验最终成了一项常规性的实验，并得以在世界各地的数十个实验室中重复进行。

　　但在数十万个大气压下，情况有所不同。实验用的晶体必须小于标准晶体体积的 0.1%——如果再大一点，它们就会被压成粉末。我们还必须采用更复杂的 DAC 设计，以免错位的金刚石砧在高压下出现裂纹或破碎。这样一来，传统的 X 射线源就无法满足实验要求了，因为它们的能量太弱了，以致无法从比一粒灰尘还小的晶体中获取可测量的图案。因此，科学家们不得不借助政府运营的巨型"同步加速器"。这种粒子加速器能产生比传统光源强 100 万倍的 X 射线束，为了满足众多使用需求，它夜以继日地运行。这是我们了解地球最深处的含碳晶体的唯一可行途径，不过能够在这样严苛的条件下做实验的科学家非常少，在他们当中，意大利米兰大学的矿物学家、晶体学家马尔科·梅利尼（Marco Merlini）因其在深碳科学方面的重要发现，最终脱颖而出。

梅利尼是一位谦虚的科学家，比起得到别人的认可，他似乎更沉浸在发现带来的快乐中。当你和他交流时，你会发现他总是面带微笑，眼神热切，尤其愿意向你展示他的实验室和他的最新研究成果，并且这些研究成果都令人叹为观止。2012 年，在发表于《美国国家科学院院刊》（*Proceedings of the National Academy of Sciences*）的一篇论文中，梅利尼和他的同事报道了白云石的高压结构，白云石是地壳中一种常见的碳酸盐矿物，其中钙元素和镁元素的比例相等，结构类似于方解石。[45]

如果地幔中存在碳酸盐矿物，那么白云石就是其中一个优秀的候选者。梅利尼的团队在法国格勒诺布尔的欧洲同步辐射实验室工作，他们将一块微小的白云石晶体压缩到了前所未有的极限。在 17 万多个大气压的实验条件下，研究人员发现了一种他们称之为"白云石-Ⅱ"的结构，这种结构类似于梅里尔和巴西特发现的方解石-Ⅱ结构。当白云石晶体被压缩到 35 万个大气压时，一种全新的结构出现了——在一个新颖的扁平金字塔结构中，碳原子周围围绕着 4 个氧原子，这种结构被他们称为"3+1"构型。梅利尼和他的团队继续将压力升高至 60 万个大气压，他们预测该构型可能会向碳原子被氧原子包围的四面体结构转变，然而实验中并没有出现此种迹象。

2015 年这项研究有了新的突破，梅利尼的团队发现了一种含有等量镁和铁的新型超高压碳酸盐矿物。[46]这项实验看似不可能完成，因为实验需要在近 100 万个大气压下进行，相当于地下 1 000 多英里（超过 1 600 千米）处接近地幔底部位置的压力。这些研究人员的工作证实了之前的理论预测，即扁平的碳酸盐基团可以转化为金字塔形的四氧化碳。然而，研究人员发现，这种结构与事先预测的四角连续相连的辉石结构不一样，这是一种全新的、出人意料的原子排列方式。超高压下的碳酸盐已经断链，4 个四面体之间被填充着铁原子的微小空隙分隔，这种奇特、紧密的结构与之前见过的任何结构都不一样。

　　梅利尼的发现具有深远的意义。几十年前，传统观点认为高压矿物往往具有简单的结构，这是原子在地球深部密集地规则堆积的必然结果。在超高压研究领域，梅利尼和其他先驱通过不断扩大研究范围，给我们讲述了一个不同的故事——高压矿物的结构可能是复杂的、新颖的、出人意料的。这对于像我们这样常常为大自然的复杂性感到激动不已的人来说，真是个好消息。

地球深部的钻石（金刚石）[47]

　　在所有高压含碳矿物（包括已知的和未知的）中，金刚石堪称最为重要的一种。金刚石的数量占据了稀缺和稀有之间的理想位置：它的储量足够人手一颗，但又相对罕见。曾有新闻报道，大一点的金刚石能卖到数千万美元。目前已经开采出了数以亿计的金刚石，足够用来制作钻戒或钻石项链，但同时也有数以亿计的消费者想拥有不止一颗钻石。除了上述经济价值以外，金刚石还有很重要的科学价值。对这些来自地球深部的近乎纯净的碳碎片研究得越深入，我们对地球的演化历史和动力过程也将了解得越清楚。因此，深碳观测计划的科学家们对金刚石比对其他任何一种矿物都感兴趣，这一点也就不足为奇了。

　　碳原子从高能恒星包层的热气体中冷凝，这个过程产生了第一批金刚石，这批金刚石也是宇宙历史上的第一批矿物晶体（尽管是在微观尺度上）。但是，最为珍贵的金刚石并不是在这种接近真空的宇宙环境中形成的。要获得宝石级别的金刚石，我们必须将目光从恒星的外围转移到类地行星的内部。

　　地壳制造了大量石墨。当地表附近富集大量碳原子时，形成的是石墨，而非金刚石。要形成致密而坚硬的金刚石大晶体，至少需要数万倍大气压的高压，这样碳原子才能更紧密地聚集在一起。因此，我们必须将注意力转移到地幔深处，地下 100 英里（160 千米）或更深的地方。一旦化学条件恰到好处，温度和压力足够高，大量碳原子汇集成核，宝石级的金刚石便能够在那里生长。

通过建造带有坚固的硬质合金砧和强大的电加热器的巨型液压机，人类可以模拟地下数百英里深处的环境，进而模拟金刚石的形成过程。每年都会有数百万克拉的合成宝石通过这种方式产生，它们被用于磨料、电子元件、光学窗口（optical window），或单纯当作宝石。你甚至可以委托制造商合成一颗"纪念钻石"戴在身上，合成这颗钻石的碳原子可以是在逝去亲人的火化过程中收集到的。人不能永生，但是一颗纪念钻石可以永久保留下来，比你的记忆更加持久。

巨型钻石是与众不同的 [48]

钻石可以揭示地球复杂的深部隐藏已久的秘密以及那里充满活力的过去，越来越多的科学团体正在不断找到新的理由，将钻石的价值推到宝石界的顶峰。这些钻石搜寻者渴望获得的并不是高端订婚戒指和钻石手链所需的完美宝石，相反，他们最珍视钻石里的微小包裹体——一些不那么美观的黑色、红色、绿色和棕色的矿物斑点，以及深部流体和气体的微观储源。这些被切割并丢弃的瑕疵部分，往往是地球深部的原始碎片，这些物质起源于很久以前，现在它们却被困在地球深处，缺乏光照并逐渐被钻石密封包裹起来。

在这些钻石包裹体中隐藏了很多故事，它们记录了钻石形成的深度、时间以及环境等信息。[49] 试想一下，世界上最大的钻石能传递多少重要信息啊！关于钻石的传说很多，其中那些巨型钻石最引人注目。重达 603 克拉的"莱索托诺言"（Lesotho Promise）发现于 2006 年，被一些人誉为新世纪最伟大的发现；传奇的"光之山"（Koh-i-Noor）最开始重达 793 克拉，几个世纪前发现于印度，现在镶嵌在英国女王的王冠上；813 克拉的"星座"（Constellation）在 2016 年以 6 300 万美元的高价拍卖，创造了当时的最高拍卖纪录；目前最大的一颗钻石是 3 106 克拉的"库里南"（Cullinan），它在 1905 年发现于南非的第一钻石矿（Premier Mine），它作为一块残片幸存下来，其原石一定是一块更大的钻石。事实证明，所有这些巨型钻石都有一个意想不到的起源。

几个世纪以来，人们一直以为这些巨型钻石只不过是微小钻石的放大版。但事实并非如此，光学研究表明了它们的不同成因。在可见光下，大多数钻石看起来都非常透明，但由于其中含有原子尺度上的杂质，它们能够吸收红外线和紫外线。杂质中氮原子最常见，在 I 型钻石中，大约每 1 000 个碳原子中就会有 1 个被氮原子所取代。当这些氮原子聚集成小团簇时，就可能呈现出黄色或棕色。这些曾经被认为缺乏美感的、看起来不纯净的钻石晶体，现在被冠以"白兰地钻石""香槟钻石""巧克力钻石"等诱人的名称——但很遗憾，它们其实就是棕色钻石。

其余钻石是 II 型钻石，这类钻石的数量非常少，占比不到 2%。可见光和紫外线都能完美透过 II 型钻石，它们不含明显的氮杂质，体积往往更大，光学上也更完美。这些特征使一些科学家推测它们是在更深的环境下以更缓慢的速度形成的，但 II 型钻石的确切起源仍然是一个谜。

2016 年，在一项引人注目的报告中，由来自一个非营利组织——美国宝石学院（Gemological Institute of America，GIA）的埃文·史密斯（Evan Smith）领导的国际深碳科学家团队指出，II 型钻石，包括地球上的许多大型宝石，都含有一系列独特而奇异的包裹体——铁镍金属的银色斑点，这与常见的较小的氧化物和硅酸盐矿物包裹体完全不同。

这项研究无论是在社会层面还是科学层面都是成功的。矿主、宝石加工商和收藏家们都小心翼翼地保护着他们的钻石，钻石越大，用于科学研究的机会就越渺茫。对大多数科学家来说，能有机会粗略检查一两颗大钻石中的包裹体便是意外之喜了。那些较早接触过大钻石的人，看到其中的银色杂质时误以为它们是普通的石墨，因此也并未重视。

史密斯和他在 GIA 的同事与其他来自美国、欧洲和非洲的钻石专家合作，为后续相关的大规模研究奠定了基础。GIA 的总部位于纽约，其任务是对各种钻石进行认证，包括确定钻石的质量、分级、原产地，并不断增加新的测试项目，淘汰以假乱真的合成钻石或非法的"冲突钻石"（conflict diamond，又称血钻）。GIA 认证是优秀钻石的国际通用标准。通过与多座矿山和博物馆的多次接触，史密斯的团队收集到了惊人数量的宝石以及从 53 颗大型 II 型钻石上切割下来的碎片。为了使用先进仪器对其中的银色包裹体进行精细研究，他们甚至重新切割并抛光了其中的 5 个碎片。

史密斯团队的第一个惊喜来自成分研究。氧元素是地幔中最丰富的化学元素，但这些金属包裹体中却不含氧元素，而是富含碳元素和硫元素，这表明钻石形成时其内部的金属包裹体一定处于熔融态。显然，从成分上看这些金属包裹体应该来自地球深处与地核成分接近的地方，地核中由黏稠的熔融态铁、镍等物质组成的外核环绕着直径约为 1 520 英里（2 446 千米）的主要由铁镍合金组成的固态内核。

由此我们可以推断：巨型钻石形成于富含金属流体的地幔深处。钻石在这种环境中很容易形成，因为金属铁原子具有吸收大量碳原子的能力。在足够的温度和压力条件下，移动的碳原子很容易穿过金属熔体（melt），一层一层地逐渐生长为大颗粒晶体，这就是钻石成核和生长的过程。对科学家来说，通过金属介质来形成钻石不足为奇，因为自 20 世纪 50 年代初以来，人们一直都在利用金属触媒来合成钻石，但没有人意识到大自然在数十亿年前就学会了这样的技巧。

关于大颗粒钻石独特起源的这一发现意义深远，远不止是满足人们对绚丽宝石的需求。这种独特的 II 型钻石群揭示了地幔中先前未得到证明的不均一性。此前有人认为，地幔物质在高温和数十亿年的对流混合作用下，已经演化为如奶昔般均一的物质。现在，通过对大颗粒钻石及其中具有指示意义的金属包裹体的研究，我们有明确的证据证实地幔更像是一个水果蛋糕：它的内部有一些相对均匀的区域，也带有一些新奇的旋涡，还点缀着大量的"水果"和"坚果"（如金属和钻石）。

此外，地幔岩石和矿物的局部变化说明地球深部具有不同的化学环境。长期以来，人们认为地幔几乎完全由硅酸盐、氧化物和其他富氧矿物构成，这主要是基于对金伯利岩（一种火山岩）的研究。这些火山岩将大量钻石带到地表，形成了世界上一些极丰富的钻石矿。但对金属包裹体的研究表明，地幔中存在其他无氧区域，在这些区域也许会发生不同的化学反应（例如大颗粒钻石的形成）。

与地球演化的其他方面一样，我们观察得越仔细，收集的数据越多，故事就变得越复杂、越迷人。

钻石里隐藏着地球演化历史的秘密

仅在一小部分钻石中发现的金属包裹体的出现似乎是个例外，不过它们的稀有性与巨型 II 型钻石的稀缺性是吻合的。珠宝商向来追求切割和抛光完美的钻石，更让他们感到头疼的是，在 I 型钻石中含有更多的地幔矿物包裹体。一直以来，人们都珍爱完美无瑕的钻石，不希望其中含有包裹体。然而，科学家们不这么想，在他们看来包裹体本身就是地球深部的数据宝藏。

其中一些包裹体记录了钻石的年龄，研究显示，有些古老钻石的年龄超过了 30 亿年。确定钻石诞生日期的关键是其中含量非常少的微小的硫化物包裹体，它们比头发还要细，由金属原子和硫原子组成。这些硫化物包裹体含有少量的稀有元素铼，可以用它有效地测定矿物的年龄。

自然界中的铼元素有 2 种同位素——稳定同位素铼 –185 和放射性同位素铼 –187，前者约占总量的 37%，后者约占总量的 63%。铼 –187 不稳定，可以自发地转化为稳定的锇 –187。铼 –187 原子核衰变掉一半所需的时间大约为 416 亿年。随着地球演化进程的推进，铼 –187 与锇 –187 的比值会一点一点变小，像一个嘀嗒作响的时钟记录着流逝的时光。同位素测年（isotopic dating）需要严格的样品制备过程和超精密的分析设备，训练有素的科学家可以通过测量硫化物包裹体中铼和锇同位素的比值，计算出钻石的形成年代。

将上述同位素测年工作与对其他矿物的研究工作相结合，效果会更好，尤其要关注地幔中含量更丰富的氧化物和硅酸盐矿物。这些特征矿物组合可以指示钻石形成的极端深度，少数情况下，在钻石中发现的异常致密的氧化物和硅酸盐包裹体，指示这些矿物形成于地下 600 多英里（超过 966 千米）的地幔深处。钻石是如何从如此深的地方到达地表的？它们又是如何在这样的运移过程中幸存下来的？在数百英里厚的看似坚固的岩层中找到安全通道，而没有破碎、卡住或分解成另一种矿物，钻石在到达地表之前经历了不可思议的旅程。

不管这些钻石是通过何种曲折的途径从地球深处冒出来的，它们都记录了数十亿年以来全球尺度的演化。[50] 2011 年，卡内基科学研究所的钻石专家史蒂文·希里（Steven Shirey）和南非开普敦大学的斯蒂芬·理查森（Stephen Richardson）合作完成了一项开创性的研究，他们找到了地球在大约 30 亿年前发生巨大转变的关键证据。

对来自世界各地（例如矿产丰富的巴西、俄罗斯、南非和加拿大等国家）的钻石包裹体进行的研究表明，形成年代较近的钻石中通常都含有灰绿色的辉石和红色的石榴子石，这种彩色的组合表明它们源自榴辉岩。榴辉岩的重要性来自它的前身，这种美丽的红绿相间的岩石是普通的玄武岩在高压/超高压条件下发生变质而形成的。玄武岩一般呈黑色，形成于数千英里长的洋中脊，由火山喷发物快速冷凝而成。由于火山活动，玄武岩几乎覆盖了70%的海底面积。洋中脊处持续不断地产生新的玄武岩，相应地需要老的玄武岩洋壳不断地通过"俯冲带"进行补充。在远离洋中脊的地方，形成较早、温度较低、密度较大的玄武岩层向下弯曲、俯冲进入深部。因此，这些地球物质通过板块俯冲作用完成了基本的循环。

随着玄武岩向深部俯冲，它们承受的压力和温度会逐渐升高。在地表以下30英里（48千米）或更深处，玄武岩会发生变质作用并形成密度更大的矿物，包括在一些钻石中发现的灰绿色的辉石和红色的石榴子石。根据这类榴辉岩包裹体典型的矿物组合，科学家们认为现代板块构造运动启动于30亿年前，伴随着活跃的洋中脊和动态的俯冲带。

其他钻石，包括所有年龄超过30亿年的钻石，往往含有一些非常特殊的地幔矿物包裹体，例如大量黄色或棕色的橄榄石、紫色的石榴子石、黑色的铬铁矿和翠绿色的辉石。这种独特的矿物包裹体组合指示它们来自更深的地幔橄榄岩（主要由橄榄石和辉石组成），橄榄岩是地幔的主要成分之一。在地表从来没有见过这些矿物组合，它们也没有受到俯冲的影响，这些迹象更深层的含义是早期地球没有经历过板块构造运动，至少经历的过程不像我们现今所观测到的大陆的碰撞和裂解以及玄武岩地壳的俯冲。

以上内容清楚地表明，钻石及其中的包裹体是真正的科学宝藏，它们为地球上最伟大的发现之一提供了令人信服的证据，即板块构造运动是在地球形成大约15亿年时（约30亿年前）出现的。而且讽刺的是，钻石研究人员也注意到，那些曾经被人嫌弃的、含有"难看的"包裹体的钻石，现在正以高价被卖给矿物收藏家。科学发现的大量宣传唤起了公众的兴趣，同时促进了人们对这类钻石的需求，它们越来越高的价格让科研人员望而却步。

地核中的碳

要捕捉地幔中含碳矿物的特征已经足够困难了，但与探测地表下近1 800英里（约2 900千米）的地核与地幔的边界相比，这只是小巫见大巫。在那里，压力飙升，超过100万个大气压，温度超过3 000摄氏度。在估算地球总含碳量的过程中，地核中碳的分布范围和性质仍然是最大的未解之谜。

研究地核熔融的外核相对容易，因为里面没有晶体，所以也没有含碳矿物。然而，铁镍金属的熔融区中可能溶解多少碳还有待观察。目前至少有2条证据表明，里面可能存在很多碳，甚至可能比地球上其他地方的总和还要多。

来自哈佛大学的地球物理学家弗朗西斯·伯奇（Francis Birch）是一位安静且谦虚的人，人们通过他的开创性工作，发现了深碳观测领域最早的线索之一。[51] 伯奇曾在原子弹"小男孩"的建造和部署中发挥核心作用，这或许掩盖了他科学成果的光芒。在第二次世界大战期间，他担任海军少校指挥官，在西太平洋的提尼安岛监督并参与了这枚原子弹从组装至装入"波音B-29超级空中堡垒"（艾诺拉·盖号轰炸机）的全过程。

1971年秋天，我选修了伯奇的地球物理学课程，那年他68岁，温和且敬业。他的课程涵盖了地球物理学的所有基础内容，从地球的层状结构到其显著热流，再到可变磁场。他在这个领域非常出名，我们从本科开始就学习"伯奇定律"和"伯奇－默纳汉状态方程"，很多教学材料都是以他的革命性成果为基石的。1952 年，伯奇发表了他最具影响力的成果，他将地震学（研究地震的发生、地震波的传播及地球内部构造的一门学科）与材料学的数据相结合，这项成果至今仍是地球物理领域的思想支柱之一。[52] 伯奇意识到地震波的传播速度与其通过的岩石的密度直接相关。在他的模型当中，他更加详细且精确地描述了地球的内部结构。薄薄的地壳之下是分为 3 层的地幔，在大约 255 英里（410 千米）和 410 英里（660 千米）的深度上存在明显的密度不连续性，他以此为边界划分了上地幔、地幔过渡带和下地幔。伯奇指出，这 3 层中含镁、硅、氧的硅酸盐矿物的富集程度越来越高。在随后的数十年时间里，尽管有数百名科学家为完善地球的内部结构增添了大量细节，但伯奇有关地球内部结构的基本框架仍然成立。

在地表以下约 1 800 英里（2 900 千米）的地幔底部，出现了更加显著的密度反差，这体现了地核与地幔之间的不连续性。长期以来，其他科学家一直将地核描述为一个致密的富含金属的区域，其液态外核向下延伸至约 3 200 英里（5 150 千米）深处，而较小的固态内核半径约为 760 英里（1 220 千米）。根据高温高压条件下液态铁和铁合金的密度的新数据，伯奇特别指出，按照地核内的地震波的传播速度，地核的密度明显低于纯铁镍合金，因此他认为，在熔融的外核中至少含有一种较轻的元素，即铁原子、镍原子与多达 12% 的其他物质混合在一起。那未知的这部分物质会是碳元素吗？

伯奇很快意识到，在他的模型中隐藏着大量的不确定性。他曾写过一条幽默的脚注，其知名度甚至可以与他在地球物理学上的发现相提并论，在这条脚注中，伯奇做了一个提醒。[53]

粗心的读者应当注意，当被用于描述地球内部时，常规表述要改为经历"高压"的形式，下面举几个例子：

高压形式	常规表述
肯定	不确定
无疑	也许
正面支持	含糊建议
无可辩驳的论据	不重要的异议
纯铁	不明元素的混合物

尽管有了这些提醒，伯奇对液态外核中存在较轻元素的预测还是经受住了每一次考验。但是那种元素是什么呢？有一批实验科学家和理论科学家致力于解决这个有趣的问题，但至今尚无定论。

在寻求答案的过程中，我们必须遵循 3 条简单的基本原则。首先，该元素必须比铁或镍轻得多，因此排除了铀、铅、金等元素。其次，该元素必须大量存在于宇宙中，这一原则排除了锂、铍、硼等元素。最后，该元素必须能够在外核的极端温度和压力条件下溶解在金属熔体中。事实上，只有少数几种元素能够同时满足上述 3 个基本原则，即氢、碳、氧、硅和硫，它们将参与最终角逐。这几种元素都有各自的优势和缺点，也都有支持者和反对者。当然，这不是一个非此即彼的命题，金属熔体可以轻易溶解不止 1 种较轻的杂质元素，甚至可能同时溶解 5 种（我更认同这个普遍的解决方案，因为大自然似乎就是倾向于复杂）。无论如何，有强有力的证据表明其中含有碳元素。

碳同位素提供了令人信服的线索。[54] 碳原子有 2 种常见的变体，即

2 种不同的稳定同位素。每个碳原子的原子核中都含有 6 个质子，这也是碳原子的根本特征。然而，原子核中的另一个组成部分——中子，它的数量可能会有所不同。碳的 2 种稳定同位素碳 –12 和碳 –13 的原子核中分别含有 6 个和 7 个中子。地球附近的岩质天体，包括红色星球火星和较大的小行星灶神星，具有相同的碳同位素比值，这个比值似乎是整个太阳系内大多数天体的共同特征。相比之下，地球上的碳（至少是地表附近的碳）似乎太"重"了，碳 –13 所占的比例要高于它的行星邻居们[1]，这个问题令人费解。

对于这个看似反常的现象，最容易理解的一种解释是，地球的碳同位素组成与其他行星是一致的，其中"缺失的轻碳"隐藏在我们的视野之外，被封存在地核当中。液态的外核中哪怕只含有一小部分碳，地核中的碳含量也将轻松超过地壳中已知碳总量的 100 倍。地球上到底有多少碳？对于这个意义深远的问题，我们竟然知之甚少，这令人震惊。

最深处的谜团

地球上没有比固态的内核更遥远、更难以穿透的东西了。在我们脚下 3 200 多英里（超过 5 150 千米）的深处，地球内核的元素承受着超过 300 万个大气压的高压和 5 000 摄氏度甚至更高的高温。几十年以来，传统观点一直认为内核是由铁镍合金组成的。与熔融态的外核类似，内核中一种或多种较轻元素只占一小部分，主要成分还是铁。

然而这里面存在一个问题，与声波的特性相关。众所周知，地震波

---

[1] 在地球自然界中，碳 –12 和碳 –13 的相对丰度分别为 98.89% 和 1.11%。——编者注

有 2 种不同的形式。当原子和分子连续碰撞时，会产生速度更快的纵波（P 波），就像倒下的多米诺骨牌一样。介质质点的振动方向与 P 波的传播方向一致。在内核中，铁镍合金与观察到的 P 波速度相匹配。与之相对的另一种波为横波（S 波），这种波触发的原子的运动可以类比人们在足球场里模拟"波浪"的场景，人们站起来又坐下，波浪会在体育场里循环。介质质点的振动方向垂直于 S 波的传播方向。出人意料的是，S 波在内核中的传播速度仅为铁中的一半左右。

这是怎么回事呢？一种观点认为内核的局部呈熔融态，这种状态可以减慢 S 波的速度，但问题是铁镍合金在假定的内核条件下是不会熔化的。针对这个问题，密歇根大学的地质学家李洁教授设计了一种巧妙的实验。

李洁教授是金刚石压砧领域的佼佼者，她才华横溢、充满热情，乐于赞扬同事提出的奇思妙想，面对同事提出的错误观点也会以幽默的方式及时指正。与很多来自中国的同龄人一样，她以优异的成绩获得从事科学研究的机会。她专注于研究地球内部的物理化学现象，先在中国知名学府中国科学技术大学获得学士学位，后赴哈佛大学深造并获得博士学位。

对地球内核中碳的研究，是李洁教授最具创造性的研究之一。[55] 李洁和她已毕业的研究生陈斌（现任教于夏威夷大学）以及深碳观测计划的一个团队合作，对一种铁原子和碳原子的比例为 7 : 3 的高密度化合物进行了研究。在过去的研究中，研究人员认为这种不太常见的碳化铁将会是一种很有发展前景的地球深部矿物。因此，密歇根大学的研究团队对此想法进行了实验测试，他们将这些黑色粉末状样品放到 2 颗金刚石之间，然后加压至大约 200 万个大气压，再测量样品的各种物理特性。根据获得的数据反演至地球内核的条件，他们发现实验结果几乎与地震观测结果完全匹配，即在碳化铁中，P 波的传播速度与在铁中的类似，但 S 波的传播速度要比在铁中慢得多。虽然这一发现并不足以证明碳以碳化铁的形式存在于地球内核中，但至少有这种可能。

在该成果发表几个月后，另一项补充性的成果也发表了，这是由德国巴伐利亚实验地球化学和地球物理研究所的博士生克莱门斯·普雷舍尔（Clemens Prescher）领衔的研究团队完成的。他们将上述同一化合物同时置于高压和高温下，发现了不同寻常的弹性性质，他们将这种弹性描述为"类橡胶性"。[56] 尽管这不是对矿物性质的典型描述，但它强调了对于地球深部碳，我们要了解的还有很多。

我们探索地核奥秘的过程，正是追寻科学真理的过程。我们也许会对地球上所有含碳矿物的存在形式进行汇编并建立数据库，其中包括数百种已知含碳矿物、上百种未知含碳矿物，从地幔中致密的碳酸盐矿物到地核中的碳化物。但不管这个数据库建立得多么完整，它本身都不是我们的真正目的。这项工作的意义在于，在我们对地球上碳的存在形式日益了解的同时，我们也更好地理解了我们赖以生存且充满活力的地球家园的奥秘，比如地球是如何出现的，它是如何运行的，它的最终命运将走向何方，还有为什么在宇宙当中它是如此独特。

再现部

碳的世界

地球矿物学是独特的 [57]

含碳矿物学研究能为我们解答多少地球家园的秘密？我们是特别的吗？地球当然不同于太阳系中的其他岩质行星及卫星。例如，火星曾经是一个温暖潮湿的世界，但目前仅存在少量分散分布的可能的碳酸盐岩层。尽管经过仔细剖析，陨石里的含碳矿物同样非常少。其他离地球更遥远的行星会是什么情况呢？

格蕾特·希斯塔德利用数学建模对稀有矿物进行研究的重要成果之一，是根据它们在地球上出现的概率对其进行排序。有时候我们会想，假如能够找到一颗与地球一模一样的行星（质量与大小相同，成分与结构一致，也有海洋、大气和板块构造），然后重现地球45亿多年的演化历史，并且我们足够幸运地在那个遥远的类地行星上发现了 5 000 多种矿物，那么它们与我们今天在地球上看到的这 5 000 多种矿物相同的概率有多大呢？

我觉得大多数矿物学家被问到这个问题时，都会像我一样回答：该行星和地球的矿物学特征基本相同。可以肯定的是，所有造岩矿物（比如石英、长石、辉石、云母等）的储量都是丰富的。其他数百种矿物，比如钻石、黄金、黄玉和绿松石，即使数量相对稀少，也会不可避免地出现。我进一步猜测，几乎所有当前的稀有矿物都会出现在任何类地行星，尽管它们非常罕见，但最终会被发现。

然而希斯塔德不这么认为，根据她的模型，当我们在与地球的物理和化学性质相似的行星上重现地球的演化历史时，大约一半矿物（超过 2 500 种）可以在其上找到，另外还有大约 1 500 种矿物虽然不太常见，但也有可能（25%—50% 的概率）出现。但是仔细比较地球与其他任何一颗类地行星，就会发现超过 1 000 种稀有矿物可能会有所不同，它们中的许多在其他类地行星上出现的概率不到 10%。

根据上述估算，我们很容易获得 2 颗行星具有相同矿物的概率，只需将所有 5 000 多种矿物出现的概率相乘即可。结果令人难以置信，这个概率简直是天文数字，比 $1/10^{320}$（也就是 1 后面有 320 个 0）还要小！

将这个概率与宇宙中的行星总数进行比较。根据当前比较流行的一种宇宙模型估算，宇宙内含有 100 万亿个星系，每个星系平均有 1 000 亿颗恒星，假设每颗恒星都拥有 1 颗类地行星，那么宇宙中大约有 10^{25} 颗地球这样的行星。更加不可思议的是，我们需要检验 10^{295} 个宇宙中的行星，才有可能找到 1 颗与地球拥有完全相同的矿物的行星。

2015 年，希斯塔德在《地球与行星科学快报》（*Earth and Planetary Science Letters*）上发表了一项卓越的成果，她强调：尽管地球上大多数矿物的多样性受控于物理、化学和生物因素，但毫无疑问的是，地球的矿物学在宇宙中是独一无二的。[58]

希斯塔德的发现蕴藏着深刻的哲学原理，即偶然性与必然性的辩证关系。复杂系统，无论是矿物系统还是生物系统，都以确定性和随机性这两种方式协同演化。一方面，自然界的很多过程是不可避免的，由物理规律、化学性质所决定。例如：向空中抛出一块卵石，最终卵石会掉下来；同样，在富含氧气的大气中点燃一张纸片，纸片会燃烧。另一方面，所有的复杂系统都会经历"奇异事件"（singular event）——也被称作"冻结事故"（frozen accident），它们同样定义了事物的演化路径。在自然界当中，大多数事物都是偶然性与必然性共同作用的结果，二者相互影响，很难说清孰轻孰重。为什么形成的是这种稀有矿物，而不是另一种？为什么地球拥有月球这样大的天然卫星？为什么地球上会出现智慧生命？这是偶然还是必然呢？

在矿物学研究过程中，我们可以很大程度上定量地解决这种矛盾。我们认为地球上矿物的许多方面是具有必然性的，不过偶然性也同样发挥着重要作用，那些稀有矿物就是通过比较偶然的化学、物理和生物过程形成的。因此，地球在宇宙中绝对是个独一无二的存在，也许这是一件好事。

类地行星

在科学界，寻找和探索遥远的系外行星是最受关注的话题之一。在找寻宇宙中其他文明的过程中，天文学家发现遥远的恒星在进行着轻微摆动和周期性变暗，尽管由于距离太远，借助空间望远镜都无法看得很清楚，但至少说明可能有一些行星在围绕这些遥远恒星的轨道上运行着。

　　第一批被发现的系外行星是比木星质量还大的巨行星，它们在围绕附近恒星的轨道上快速旋转（数天便可旋转一周），从而施加了最大可能的恒星扰动。在发现太阳系外第一颗行星的 20 多年后，我们把焦点从巨行星转移到了类地行星。

　　"类地"一词对不同专业领域的人而言有着不同的含义。天文学家关注能够较为准确测量的 3 个特征：半径、质量和轨道。"类地半径"是从恒星的最大变暗程度换算而得的，因为行星遮住了它的一小部分光；质量是根据引力引起的恒星摆动的程度而获得的；最后，一颗行星要成为"类地"行星，其轨道必须位于"宜居带"内。宜居带通常被认为是一个扁平的像甜甜圈一样的环形空间，宜居带内的行星表面或附近可能长期存在液态水。越来越多的行星，比如开普勒 –186 f、开普勒 –438 b、开普勒 –452 b（这 3 颗行星均由开普勒望远镜发现），都较为符合上述条件。围绕特拉比斯特 –1（TRAPPIST–1）运行的 7 颗行星中至少有 3 颗也符合这 3 个条件，特拉比斯特 –1 是一颗距离太阳仅大约 40 光年的小恒星。

　　头条新闻常常宣称发现了"迄今为止'最像地球'的行星"，然而这些令人眼花缭乱的文章里通常不会提及，仅凭半径、质量和轨道并不足以判定一颗行星是否是类地行星，我们还必须把化学因素考虑进去。通过普通望远镜便很容易获得一些遥远恒星的可见光光谱数据，数据表明它们的化学成分与我们的太阳不甚相同——镁、铁、碳等元素的含量或高得多，或低得多。这些关键化学成分的差异也很可能反映在围绕恒星运行的行星上，因为每一颗恒星及环绕其运行的行星都是在同一个物质盘上形成的。

　　行星的物质组成至关重要。矿物学家和地球化学家的最新研究表明，成分上的任何微小差异都有可能导致这个星球不合适生命存在。假如镁元素含量过多，板块构造运动将不能启动，这意味着生命必需的营养物循环过程无法进行；假如铁元素太少，就无法形成能够抵挡宇宙射线的磁场；假如水或者碳、氮、磷等元素太少，我们所知的生命形式将不会出现。

那么，找到另一个宜居"地球"的机会有多大呢？地球上有十几种关键化学元素和几十种次要化学元素，系外行星的化学成分与地球完全一致的概率很小，就算是类地行星，它与地球化学成分一致的概率也可能只有1%，甚至0.1%。不过据保守估计，半径、质量和轨道与地球相似的行星多达10^{20}颗，所以一定有众多星球像我们的地球一样宜居。

这些认知让我们有些踌躇不前。我们人类想要寻找与地球类似的行星伙伴，如同很多人想要找到与自身生活品位、政治立场和宗教信仰都相同的朋友和爱人。但假如我们如愿找到一个与我们穿着一样、职业和爱好相同、甚至口头禅和肢体语言都完全一样的人，我们又会感觉毛骨悚然。同样，我想如果我们真的找到一颗与地球完全一样的"克隆行星"，可能也会感到不安。

不过不必为此焦虑，因为这种情况是不会发生的。我们可以大胆探索更多类地行星，我们也有这样的自信，那就是真正的地球只有一个。

尾奏

未解之谜

碳，一种绚丽多变的元素，通过它我们了解了很多关于这个世界的未知奥秘。我们已经对来自世界各地的数百种含碳矿物进行了编目，已经学会了制造上千种与这些矿物类似的人工合成物，其中许多还具有未开发的商业和科技应用价值。我们甚至已经开始预测还有哪些矿物有待发现，以窥得地壳与地球更深处的未知情况。

与未知相比，我们对碳的已有了解显得相形见绌。在地壳和更深的地方，还有哪些新奇的矿物没有被发现？它们又有怎样的结构和特性？它们会对我们的生活产生怎样的影响？地球深处的碳总量有多少，其中有99%的碳隐藏在地核？我们的科学家将继续满怀热情地寻找答案。我们将要用未来几十年的时间对自然世界进行实验模拟、理论计算和观测验证。

　　我们同样不知道碳是如何从一个储库迁移到另外一个储库的，尤其是如何从地球深部转移到地表，然后再次返回地球深部。要弄清这一点，我们就不得不仰望天空，关注大气及有其参与的碳循环过程。

第二乐章

 气之运动：循环中的碳

地球是我们的家园。我们在地球上种植作物、建造房屋、安居乐业、安葬逝者。

碳以千变万化的结晶形式、丰富多样的矿物种类和不断发现的新型材料，成为地球本质的缩影。

地球不是孤立存在的。固体地球被一个轻柔的、缥缈的、无形的球体包围着，这就是大气。大气是地球之子。火山口将气体喷向天空——一把半透明的蓝色保护伞。大气抵御来自太空的可怕攻击，使我们的星球温暖宜居。但是，人类活动正在以前所未有的方式改变着大气。

当面对地球的过去、现在和未来时，我们的心情矛盾，既好奇，又忧虑。

前奏曲
大气诞生之前

　　碳在不停地运动着，无休止地循环于地球的各个圈层之间。大气圈、水圈、生物圈、岩石圈，每个圈层中都含有第 6 号元素，都参与全球碳循环。经过 45 亿多年的演化进程，尽管碳循环的性质和范围已经发生了深刻改变，但有关碳运动的许多细节仍然不为人知。

　　如今的地球蓝白相间，与诞生之初的形态完全不同。最初的地球是一片荒芜的岩石地貌，缺少由空气组成的摇篮。我们的家园诞生于辽阔而稀薄的尘埃中，你很难想象这些物质最终能够形成一颗稳固的岩质行星。[1] 但是宇宙中的尘埃数量惊人，它们往往会聚集在一起（如果你偶尔会清理梳妆台后面或床底下那些常被忽视的凹槽，你就会明白）。因此，随着原太阳的燃烧，太阳系内部受到热脉冲的冲击，原始尘埃熔化成被称为"粒状体"（chondrule）的微小液滴。当黏稠的液滴聚集在一起时，太空中的初代岩石便诞生了。随后，葡萄大小的卵石、拳头大小的砾石以及公共汽车和建筑物大小的大岩石从尘埃弥漫的星云环境中逐渐形成。无数的岩石围绕着尚且暗淡的年轻太阳，相互碰撞并聚集成越来越大的初始世界。

引力在整个太阳系中占据主导地位。较大质量的物体吸引较小质量的物体，将它们捕获在"引力阱"（gravitational well）中，然后将其整个吞并，就这样，周围广阔空间里的小物体被一扫而空。原地球在距离不断成长的太阳 9 000 多万英里（约 1.5 亿千米）处运行，通过上述过程成为太阳系中最大的岩质行星。地球的形成是一个多么壮观的过程啊！ 45 亿多年前，无数的巨石如雨点般倾泻在不断发展壮大的原地球上。岩石下落的速度比子弹还快，每次撞击都携带着巨大的动能，随之动能转化为灼热的热能和炫目的光能，熔融的表面上方喷出巨大而炽热的岩浆喷泉。不规则的铁镍合金块、成堆的硅酸盐矿物、富含水的巨大的蓬松雪球，偶尔还有富含碳的黑色岩石，它们都在这个不断增长的发光球体中形成。

吸积与分化、分馏与凝聚、结晶与对流，这些听起来很深奥的物理过程，将新生的地球从一团混乱的大杂烩变成了一个更合理、更有序的世界。重力驱使地球分化为一个分层的、结构化的世界，地球密度较大的成分（主要是熔融的铁和镍的金属混合物）下沉到地心形成地核。碳在那个深不可测的区域可能仍然扮演着重要的角色，例如缓和地核和地幔之间的极端密度差，改变这个区域的物理反应，但具体细节我们仍然不甚了解。我们可以肯定的是，如果地核中的碳确实存在于地表以下 3 000 英里（4 800 千米）甚至更深的地方，那这些碳在我们呼吸的空气中就不会发挥太大的作用。

包裹铁质地核的是厚厚的石质地幔，就像多汁的桃肉包裹着桃核一样。富含较轻元素硅、镁和氧的矿物质主宰着地球外层的 1 800 英里（2 900 千米）。在地幔最深处的极端条件下，压力超过 100 万个大气压，那里的地幔岩石比近地表的岩石密度大。尽管如此，在密度更大的液态金属外核的推动下，这些岩石可以保持漂浮状态，就像卵石可以很轻易地漂浮在液态汞池上。

地球物理学家利用岩石里传播的超声波或地震波，揭示了地球内部隐藏的圈层结构。从内向外，地幔分为 3 部分：几乎无法深入的下地幔，它从地下 410 英里（660 千米）处一直向下延伸到近 1 800 英里（2 900 千米）深处的核 – 幔边界，占地球体积的一半以上；地幔过渡带密度中等，相对狭窄，位于地下 255—410 英里（410—660 千米）处；而上地幔则从地下 255 英里（410 千米）处向上延伸，几乎延伸到地表。

地球的外层（这里指地壳、海洋和大气）最薄，类似鸡蛋壳。地球的半径大约是 4 000 英里（6 400 千米），而地球的外层还不到 100 英里（160 千米），仅占地球质量的 1% 左右。不过这个薄层的化学成分却是最多样化的，在这里聚集了大量稀有元素，而这些元素在地下深处没有适合的结晶条件。地壳的厚度在不同地区差异很大，洋壳最薄的地方仅向下延伸 5—6 英里（8—10 千米），而最高山脉下的陆壳的厚度可能超过了 50 英里（80 千米）。

尽管现代技术还不能直接探测数十千米以下的深部地区，但是科学家们还是开发了其他方法来了解地球。他们从全球各大洲的野外考察点采集岩石、水和大气样品。不论从地球的哪个角落展开研究，结论都指向同一个方向：岩石、水、大气和生命在地球的数十亿年历史中协同演化。所有这些不同的材料都在地球动态的深部碳循环中各自发挥着重要的作用。

地球大气的起源

大气为地球保温，保护我们免受来自太阳的强烈辐射，为我们提供氧气和水，这些都是人类得以生存的基本条件。大气中还储藏着大量碳，供作物生长消耗。然而，地球在刚刚诞生时和婴儿期并没有大气。大气是如何凭空出现的呢？

为了找到答案，让我们想象穿越到大约 45 亿年前，回到那个行星仍在形成、太阳系一片混乱、地球碳循环刚刚开始的时代。

碳源自太空

45 亿年前，原地球已经形成，核－幔－壳的结构开始显现。数十种化学元素以岩石雨的形式落向地球，其中大部分元素是稀有的。[2] 几种形成矿物的常见元素——铁、硅、镁、氧占了地球质量的 90%，钙、铝、镍和钠占剩余质量的 90%。元素周期表中的其他元素占比很少，氮和磷占千分之几，锂和氟占百万分之几，铍和金占十亿分之几。

地球和水星、金星、火星这 3 颗类地行星离太阳较近，在太阳光的肆意照射下，大部分气体都散失掉了。因此，这些岩质行星均富含形成固体矿物的元素。相比之下，宇宙中含量最丰富的气态的氢和氦，大多被强大的太阳风推至距太阳 5 亿英里（8 亿千米）或更远的地方，到达木星、土星、天王星和海王星这些气态巨行星的位置。

在宇宙范围内，氢原子和氦原子是最主要的成分，占了原子总量的 99%。在剩余的原子当中（包括形成岩质行星的物质），碳原子起着关键作用。除去氢原子和氦原子，大约每 4 个原子中就有 1 个是碳原子。在形成行星后的残余物中，铁和氧的含量相对丰富。然而，与铁和氧不同的是，在宇宙形成初期，大多数碳原子都被"锁"在二氧化碳、一氧化碳和甲烷等挥发性小分子中。尽管现在还不能确定那时地球的碳储量，但可以肯定的是其很有限，我们猜测每 100 个原子中最多有 1 个碳原子。

地球上所有的碳都来自太空，主要有 3 个来源。第一部分直接来自太阳风，其携带含碳气体，这部分占比很小。第二部分以富含碳的黑色陨石的形式来到地球上，这类陨石如今仍然时不时从天而降，这部分比第一部分多一些。[3] 这些迷人的陨石为地球带来了各种有机分子，如碳氢化合物（烃）和醇类等燃料，以及在 DNA 和 RNA（核糖核酸）中发挥关键作用的氨基酸、糖、嘌呤和嘧啶等重要的生物分子，所有这些分子都是预制好的，随时都可以进行化学转化。第三部分，也是地球碳储量最主要的来源，则是彗星。彗星富含一氧化碳和二氧化碳等小的气体分子，它们还携带着大量的水，一些人认为正是这些水形成了环绕地球的海洋。

大部分碳在地球深部的流体中循环，那里的温度足以将多原子的大型组合分解成氮、水和二氧化碳等简单的分子。岩石不能长时间保持高温高压的流体形态，它们努力寻找任何可能的途径流向地表，于是地球的碳循环开始了。炽热的岩浆通过裂缝向上运动，当抵达地表下 1 英里（1.6 千米）处或者离地表更近的地方时，压力将低于临界值，高温流体迅速膨胀并汽化。就像开瓶的香槟从瓶口喷出一样，粉末状的岩石和气体一起向外喷出，形成炽热的由灰烬和气体构成的喷泉。在较冷的区域，那些较轻的、可移动的分子也同样穿过地壳，寻找任何可能的途径从地表渐渐逸出。就这样，从地下深处释放出的水形成最初的海洋，逸出的气体成为最初的大气。

地球早期大气的具体成分是什么，没有人能够知道。[4] 目前在大气中占据主要地位的气体是氮气，它以 N_2 分子的形式存在，另外还有少量氩气，这两种化学性质不活泼的气体从最开始就肯定存在。而现今大气中的另一种主要成分——氧气，最开始并不存在，它在地球经历了超过 20 亿年的演化后才逐渐累积起来。火山喷出的难闻的含硫气体，如硫化氢（H_2S）和二氧化硫（SO_2），一定是原始大气混合物的一部分，还有富含碳的气体也应该存在于地球早期大气当中。

大气中的碳分为 3 种形式。二氧化碳近些年备受关注，尽管关于它的报道多数都是负面的。它的分子结构简单，中心为 1 个碳原子，碳原子两侧各有 1 个氧原子，3 个原子排列整齐。在外层空间寒冷的环境下，二氧化碳可以冻结成透明、无色的晶体，称为"干冰"。在地球上，二氧化碳是大气中主要的含碳物质，新近的测量结果显示其含量超过了 0.04%，并且还在逐年上升。

在广袤的宇宙中远离任何一颗恒星或行星的地方，孤立的原子相互结合的机会很少。一氧化碳作为太空中最常见的分子之一，由 1 个氧原子与 1 个碳原子结合而成。地球大气中一氧化碳的含量很低，还不到百万分之一，但在我们的日常生活中，一氧化碳却能够引发真实存在的危险，因为只要碳基燃料不完全燃烧，就很容易产生一氧化碳。碳基燃料容易与氧气发生反应，生成二氧化碳，但假如你家中的火炉或壁炉的烟囱空气流通不畅，没有足够的氧气使碳基燃料充分燃烧形成二氧化碳，那么一氧化碳将淹没你的家，后果简直不堪设想。

一氧化碳十分"狡猾"，它无色无味，我们的身体会像对待氧气一样对待它。然而，它与氧气完全不同，它会阻碍人的呼吸。缺氧后，人将会逐渐失去意识，直到脑死亡，这也标志着人的死亡。

大气中第三种简单的含碳分子是甲烷，当你做饭或取暖时，你所支付的"天然气"费用就是在为它买单。甲烷结构优美，1 个中心碳原子被 4 个氢原子包围着，形成金字塔一样的形状。现在大气中的甲烷含量很少，大约只有百万分之二。但是，事实证明，大气中看似含量很低的甲烷也是造成温室效应的祸首之一。

大气——浴火重生

从某种意义上讲，地球初期的大气组成无关紧要，因为在大约 45 亿年前的一个惊人瞬间，这个原始的空气保护层就被摧毁了。

地球大气的早期历史充满了刺激性。富含挥发性物质的彗星从太空中倾泻而下，巨大的火山从内部喷出水蒸气和其他气体。随着大气逐渐变厚，来自太空的巨石在穿过大气的外围时就会产生剧烈摩擦，偶尔还会发生爆炸。那些高速飞行的太空巨石（有的直径可达数百英里）有可能破坏并穿过大气，但就算它们也无法阻止岩石、水和大气的稳定分化。

有一次碰撞非常特别，它比地球历史上的任何碰撞事件都更严重、更具破坏性。太阳系形成后的几千万年，各大行星逐渐形成，并展开对轨道空间的争夺。地球曾有过一个极具威胁的竞争者，被称为忒伊亚，以古希腊神话中月亮女神之母的名字命名。它有可能比火星略大，但比起仍在成长的地球要小不少。忒伊亚曾与地球争夺同一个轨道，在一段时间（也许是几千万年）里，二者保持着一定的距离，危险地共存着。后来，一些近距离的碰撞可能扰乱了它们的运行轨道，触发了不可避免的"终极决斗"。[5]

万有引力定律决定了太阳系的演化进程。"一山不容二虎"，两颗行星也不可能永远共存于同一个运行轨道，这是一项规则。在某个时刻，它们会非常靠近彼此，这一刻一旦出现，一定要把赌注押在更大的个体上。

戏剧性的一天到来了，忒伊亚撞上了地球，那时地球还处于婴儿期，也许只有 5 000 万年的历史。有些理论模型认为大碰撞事件只是一次侧面相撞，但这对忒伊亚来说却是致命的。倘若一名太空观察者在安全距离观看这一行星奇观，一定会为此场景着迷：忒伊亚被撕得四分五裂，大部分碎片在白热化的撞击中消失殆尽。

忒伊亚身上发生的末日灾难，可能会使你忽视本次撞击事件的另一个受害者，那就是地球脆弱的大气。大碰撞发生后，所有的大气分子都被置换了，原来的大部分大气被喷射到了太空深处，再也没有回到地球。更引人注目的是那些巨大的发光云团，它们由忒伊亚和地球的炽热幔部的碎片汽化物混合而成。大部分物质以炽热熔滴暴雨的形式倾盆而下，落回地球的岩浆海洋；而其他部分则被甩入轨道，不久后汇聚在一起形成了地球的天然卫星——月球。

是时候重新开始了。月球的诞生仿佛为地球按下了重启键，随着地球大气再次出现，深部碳循环也正式启动。

地球早期大气的线索

40 多亿年前，大气仍在不断发展壮大。地质学家恰如其分地将地球不稳定的前 5 亿年命名为"冥古宙"（Hadean Eon）。假如你冒险回到这个重新形成的地球上，你可能会有种强烈的感觉：地球是一个充斥着冷酷、暴力和敌对的地方。岩石雨不断从天而降，地表还有剧烈的火山喷发，很难说这两种危险哪种更可怕，可以肯定的是它们共同将碳排放到大气当中，开启了地球碳循环，新的大气亦是二者的共同杰作。

我们怎么可能猜出 40 多亿年前曾短暂笼罩地球的大气的性质呢？现存的地球最早期的微观矿物颗粒非常少，仅在澳大利亚、加拿大、丹麦属地格陵兰岛和南非等地零星幸存着超过 35 亿年的岩石。遗憾的是，那些零散的碎片对研究地球早期大气的性质基本没什么用处。

尽管如此，有关地球早期大气的线索还是存在的，分别来自天体物理学、地球化学和行星科学的 3 条线索暗示了可能发生的情况。

线索 1——新生的"暗淡"太阳 [6]

第一条有关地球冥古宙时期大气的线索来自一个看似毫不相关的领域，由一群研究恒星演化的天体物理学家提供。根据他们的研究，太阳目前正处于数十亿年的稳定期中，这是大多数恒星核反应较为平稳的时期，它们在核聚变中稳定地消耗氢以制造氦。抬头仰望夜空，你看到的每 10 颗恒星中就有 9 颗在通过核聚变"燃烧"氢，参与反应的氢的质量只有不到 1% 被转化为热能和光能，这些就是我们看到、感觉到的阳光。

值得注意的是，燃烧氢的恒星变化非常缓慢，它们的亮度会随着时间的推移一点一点变亮。在百年的尺度上这个差异并不显著，但经过数十亿年的变迁，太阳的确变得越发明亮了。40 多亿年前，太阳的辐射强度仅为今天的 70%。这可是一个巨大的差异，假如今天太阳产生的辐射强度也下降到这种程度，那将立即给地球带来灾难。地球会结冰，并且冰会从两极延伸到赤道。生命几乎覆灭，只有很小一部分简单的生物群落能够在火山喷口附近局部的温暖潮湿区生存。

当我们想到 40 多亿年前那个暗淡的太阳时，一定会产生疑惑，为何那时的地球没有被冰封？从最初 5 亿年里留存下来的少数矿物和岩石碎片显然并没有指向一个冰冻的世界。

似乎温室气体的作用最能合理地解答这个问题。正如园丁的温室即使在寒冷的冬天也能保持温暖，大气中的某些气体具有吸收和捕获太阳能的能力，有效地减少了地球散热。在温室效应中，水蒸气和云一直起着重要的作用，在今天的地球上，防止地球结冰的现代温室效应有一半功劳来自水蒸气和云。但以年轻太阳所发出的光与热，仅靠水分子还不能够给地球提供足够的热量，还需要其他分子的辅助，这就是含碳分子。

线索 2——地球化学

如果说 40 多亿年前大量温室气体的存在阻止了地球变成冰冻星球，那这些气体源自哪里呢？

地球化学家在盘点了全球范围内的元素后指出，目前在每个大陆上都发现了大量的碳酸盐矿物，但这些矿物在 40 多亿年前并不会有这么大的储量。碳酸盐矿物与大气中的二氧化碳存在着长期平衡，地壳中每增加一个碳酸盐分子就意味着大气中减少一个二氧化碳分子。那么结论是，40 多亿年前，当碳酸盐矿物还比较少时，大部分碳以二氧化碳的形式存在于大气中，那时的大气压可能是现在的好几倍。

在这种情况下，一些地球化学家提出了质疑，他们认为大气中二氧化碳的温室效应可能被甲烷放大了。在 25 亿年前，大气中的氧气含量还未升高，那时大气里的甲烷含量可能要比现在高得多。甲烷是一种强温室气体，产生的温室效应比二氧化碳强许多倍。大量的甲烷沐浴在宇宙射线中，会引发各种有机化学反应并产生分子雾，这也许是地球早期呈现出独特的橙色色调的原因，正如今天的土卫六"泰坦"（Titan）那样。

如果今天的地球突然被如此多的二氧化碳和甲烷混合物包围，那么地球将达到前所未有的温室条件，气候将产生剧烈波动。温室效应对生命至关重要，但其中涉及平衡问题：如果没有温室气体，地球从两极到赤道的所有地方都会结冰；相反，太多的温室气体意味着太多热量会被困在地球上。当我们达到一个大气临界点时，气候变暖会促使土壤和岩石释放出更多的甲烷和二氧化碳，进而导致全球气候进一步变暖，长此以往，温室效应将走向不可逆与失控。

如果地壳中所有的碳酸盐矿物都转化为大气中的二氧化碳（当然转化过程也会产生其他物质），将会发生什么事情呢？也就是说如果这个拥有超过 20 亿亿吨碳（超过目前大气含碳量的 10 万倍）的巨大碳储库突然释放出大量温室气体，会发生什么呢？答案显而易见，地球会变得像金星那样。[7] 金星和地球有很多相似之处，比如大小、密度和基本组成，二者看起来如同双胞胎。但金星与太阳的平均距离仅有日地平均距离的 0.72 倍，而且金星大气中的二氧化碳浓度非常高，大气压是地球的 90 倍，这引发了失控的温室效应。金星的表面平均温度约为 460 摄氏度，这个温度足以熔化铅。

我们称地球是"金凤花姑娘行星"（Goldilocks planet）①，也许地球只是幸运而已，如果真是这样，那么我认为地球的幸运是碳带来的。

---

① 金凤花姑娘是一个传统的童话角色，她喜欢如不冷不热的粥、不软不硬的椅子等"刚刚好"的东西，因此美国人常用金凤花姑娘来形容"刚刚好"。——译者注

线索 3——来自地球的陨石 [8]

第三条线索更多的是推测性的证据，即来自早期地球的陨石，据此我们有望揭开地球早期大气的秘密，这个想法也许没有听起来那么不可思议。目前，已有 100 多颗陨石被确定是来自火星，因为当大型彗星或小行星撞击火星表面时，岩石会从这颗红色星球的表面飞溅出去。那么科学家是如何证明这些不起眼的岩石是来自火星而不是小行星或其他天体呢？证据是保存在微小气穴中的气体分子的特殊组合，这种混合物与美国国家航空航天局（National Aeronautics and Space Administration，NASA）的探测器在火星大气中测量到的气体比例完全匹配。

所以，想象一下 40 多亿年前，当一颗小行星猛烈地撞击地球时，大量巨石被抛向太空。这些岩石中一定含有地球早期大气的微小气泡，此类微小气泡一定还被保存在这些岩石中。而这些岩石（陨石）的一部分一定会落到离地球最近的卫星表面，所以我们要做的就是登陆月球，找到来自地球的陨石。事实上，我们中的很多人都认为，寻找地球陨石是我们重返月球的最重要的原因之一。

收集地球早期的大气，哪怕只是一点点，都是非常了不起的事情！

间奏曲
深部碳循环

    徒步在意大利中部曼齐亚纳卡尔达拉（Caldara di Manziana）布满田园风光的群山之间，四周森林和鲜花环绕，鸟儿的歌唱不绝于耳。你万万想不到，在这里能见到印有骷髅头和交叉骨图案的死亡警告标志牌。[9]它所预警的是什么呢？带电围栏、靶场，还是周围有熊出没？

    接着你会来到一个小山谷，这是一片毫无生气的洼地，光秃秃的土壤与青翠的高地形成了鲜明对比。这到底是怎么回事？

    原来这都是二氧化碳搞的鬼。它从地下渗出，无色无味，比普通空气重，因此它会沉到地面，填满最低的洼地。在清风吹拂的日子里，这无关紧要，地表的气流会被迅速驱散。但在没有风的日子里，密度更高的二氧化碳会取代可供呼吸的空气，引发致命的危险。猎人们是最常见的受害者，他们的狗贴地行走，会先面临窒息，如果这时猎人急忙冲向他的爱犬，不顾危险地跪在狗身边，他也会因此受难。

———

碳是移动的。作为变化的洋壳的一部分，碳从阳光照射的地表俯冲进地球深部；作为深部地幔流体的重要组成部分，碳可以从土壤中渗出，也可以从活火山中喷出。碳原子以固体岩石为载体从海洋和空气中沉淀出来，在经历风化作用后，又从固体岩石回到海洋和空气中。碳原子一旦被释放，就会跟随宏大的洋流环绕地球，并借助变幻莫测的气流到达世界各地。一直以来，从微生物到植物，再到人类，活细胞使用和再利用碳原子的速度远远超过非生命世界中碳循环的速度。

当炽热的含碳岩浆从深处上涌时，二氧化碳会随着火山喷发被一起带出（正如前面提到的，在意大利的某些山区，偶尔会有猎人和猎狗因二氧化碳窒息而死）。岩浆在上涌的过程中，会影响碳酸盐矿物的岩层，使它们在高温下分解，将地幔和地壳中的二氧化碳混在一起。

上述这些都是宏大的地球碳循环的一部分，这个循环过程创造了大气，并对大气进行着补充。

地球上所有的化学元素都会经历循环，碳也不例外。碳循环是入门教科书和科普网站的重要内容，这些介绍往往包括碳原子的各种储库以及碳原子在这些储库之间的运动。[10] 在 YouTube 上搜索"碳循环图像"，搜索结果会显示海洋和大气、石灰岩和化石燃料、动物和植物，所有这些内容都带有小箭头，指示碳是如何从一个储库移动到另一个储库的。一些图表还添加了冒烟的火山，暗示了更深层的过程，但地球深部的碳作为大气的根本来源，却很少被详细考虑。

深部碳被忽视的原因很好理解，相对于地球表层附近快速的碳循环，深部碳循环显得非常缓慢。一个碳原子从进入地球深处到返回地表需要数百万年的时间，这个过程的细节在很大程度上是隐秘而不确定的。没有人知道地球深部有多少碳，我们也不确定那里的碳有哪些不同形式。

我们可以确定的是，全球碳循环一定是从大气到地球深部再返回大气的过程。铺在海洋底部的黑色玄武岩和其他岩石冰冷、致密，比下面热而软的地幔还致密。在重力作用下，巨大的洋壳板块携带着富含碳酸盐矿物的沉积物、玄武岩层以及正在分解的生物残骸，一起向下俯冲数百英里。这个过程不可阻挡，碳从地表"越陷越深"，进入我们难以触及的地球深处。

如果地表的碳被持续不断地以这种方式迁移至深部，而没有别的碳来补充，那么地壳中的碳会在几亿年内耗尽。假如地表的碳就这样被剥离，依赖碳的生物圈也将不复存在。幸运的是，深部的碳会逐渐浮出地表。随着俯冲的富碳岩石的温度升高，碳酸盐矿物和有机分子开始分解，产生二氧化碳和其他小分子。其中一些分子从它们的岩石"墓穴"中挣脱出来，形成上升的流体，最终返回地表。火山喷发是这些深部气体最主要的释放途径，深部碳从地下逸出到地表并扩散进入大气，这个广泛发生的弥散过程暗示深部有更大的碳通量，不过具体数值很难量化。

全球尺度的碳循环过程大部分隐藏在人们视线之外，理解其中最隐蔽的环节一开始就是深碳观测计划的主要目标之一。这项工作内容丰富多样，数百名科学家在世界各地的数十个野外观测站和实验室里，共同解决各类具有挑战性的问题。他们对动态的深部碳循环的研究可以归结为 3 个问题：到底有多少碳进入深部？碳在深部会发生什么变化？又有多少碳返回地表？

到底有多少碳进入深部？ [11]

地球上绝大多数的碳原子（超过 99.9%）都被深埋于地下，被封存于地壳和地幔中长达数百万年。大多数碳原子被储存在规模庞大的石灰岩的层状沉积物中，一些碳原子被储存在煤、石油或其他富碳的黑色沉积物中，另外还有一部分动态的碳原子隐藏在海底的玄武岩和沉积物中，在板块俯冲过程中被带入地幔。

在阳光照射下的地球表层，那些曾经在空气、海洋或活细胞中活动的碳原子，是如何被封存到坚硬的岩石中，如何被不可阻挡地迁移至地球深处？这是一个由生物和非生物共同驱动的化学反应过程。

在非生物方面，大气和海洋中的二氧化碳很容易与新生的玄武岩和其他火山岩中的钙原子、镁原子发生反应，形成碳酸盐矿物。这种反应通常发生在海洋深处或土壤里，但在富含钙或镁的地表水体，偶尔也可以实时观察到碳酸盐晶体的生成过程，因为空气中大量的二氧化碳参与了该反应。

数亿年前，生命就学会了合成碳酸盐矿物。在一段时间里，碳酸盐的"生物矿化"（biomineralization）只发生在浅海区，那里有稳定的矿物质营养供应。巨大的珊瑚礁（其中珊瑚、软体动物及其他甲壳动物和谐共处）延伸数百英里，锁住了大量的碳。随着细胞的死亡，一些碳原子以死亡产物的形式存在。

化石和埋藏化石的沉积物很好地记录了生命的演化过程，指示了在碳储的特征和规模上反复发生的戏剧性变化。25 亿年前，进行光合作用的藻类的出现可能引发了沉积物中生物量（与碳储量存在换算关系）的首次大规模增长，因为海藻在阳光充足的浅水中繁荣生长，死亡后沉入海底。5 亿多年前，带碳酸盐外壳的生物的出现再一次增加了海洋中碳的储量。

4亿多年前，生命冒险来到陆地上，开启了地下碳循环的新征程。树木和其他植物中储存了大量的碳，当它们被掩埋时，会形成由富含碳的泥炭和煤构成的厚厚沉积物。树木的根系本身就是深而隐蔽的生物圈不可或缺的一部分，它们能将岩石分解成黏土矿物。片状的纳米级的黏土小颗粒，即使在最高倍的光学显微镜下也无法观察到，它们可以产生能够吸引和结合生物分子的静电，因此黏土的表面会被富碳的涂层包裹起来。在小溪与河流的侵蚀冲刷下，这些含碳的黏土矿物从土壤中析出，随着水流一起汇入大海，在三角洲处形成厚厚的沉积物。地球生物圈似乎早已找到了很多种存储碳的方法。

———

2亿年前，大约在恐龙刚开始主宰陆地的时候，微生物为碳的封存带来了新的影响。[12] 那时，自由漂浮的细胞身处海洋的中央，它们通过从周围环境中吸收二氧化碳和钙，演化出制造自己微型"碳酸盐装甲板"的能力。这些聪明的带壳浮游生物，以惊人的数量不断繁衍和死亡，成为自然环境的改变者。就这样，碳酸盐在地球历史上首次形成于阳光充足的远洋表面，而不再仅仅局限于海岸沿线。随着死亡的细胞沉入海底，深海沉积物中有了新的碳源。

正如布里斯托大学的地质学家安迪·里奇韦尔（Andy Ridgwell）所说，这场"中生代革命"具有深远的影响。当生命只在浅海大陆架上生产碳酸盐时，石灰岩礁石形成的范围随着海平面高度的变化而增减。

在温暖的时期，全球冰量较小，海平面相对较高，被淹没的广阔沿海平原上可能会形成大面积的石灰岩礁石。珊瑚类和贝类生物的迅速生长减小了海洋中钙的浓度，海水的酸度也随之发生了变化。而到了温度低的时期，在极地寒冰和冰川作用（glaciation）的影响下，海平面异常低，大部分大陆架暴露在空气中，此时海平面下鲜有石灰岩礁石形成。由于通过生物途径形成的石灰岩减少，海水中的钙上升至过饱和浓度，海洋的化学性质也随之改变。

里奇韦尔认为，在过去的 2 亿年里，无论海平面升高还是降低，能够形成碳酸盐的浮游生物都会蓬勃发展，它们的存在有效调节了海洋的化学性质。

————

地球上大量的碳从空气和水中被提取出来，然后渐渐进入地壳。火山岩与二氧化碳反应形成碳酸盐矿物，生物碳酸盐在大陆边缘形成石灰岩礁石，然后下沉到海洋深处。生物质被埋在陆地和海洋中，生物分子吸附在黏土矿物上，为逐年增厚的沉积物添加碳储，这些碳通量易于观察和量化。

然而，对于继续向下、俯冲进入地幔的那部分碳，我们难以对其进行观察和量化。特里·普兰克（Terry Plank）是哥伦比亚大学拉蒙特－多尔蒂地球观测站的负责人，她对定量化研究由板块俯冲作用带入地幔中的碳有浓厚的兴趣。

就普兰克悠闲的风格来看，你很难把她的职业生涯和冒险或者把她本人跟"麦克阿瑟天才奖"联想在一起。她将火山作为研究深部碳循环的切入点。为了探寻火山喷发出的物质的奥秘，普兰克决定对洋壳中的碳和其他元素进行编目，因为洋壳可以俯冲到地幔中。她对那些俯冲板块和喷出的岩浆进行微量元素对比，发现很多火山系统中的主要物质成分是由地壳物质再循环所提供的。

但是，到底能有多少碳在循环中进入地幔仍然存在争议。普兰克认为引起争议的原因在于每个人观察的位置不同。她发现：有些俯冲带含有大量的碳酸盐，而有些俯冲带则没有；同样，有些俯冲带含有大量的有机碳，而有些俯冲带则没有。她还得出结论，通过俯冲作用将碳运送到深部是困难的，因为碳酸盐和生物有机碳的密度低于玄武岩，它们往往集中在俯冲板块的上部，不太可能进入地幔深处。因此她强调，碳向更深处的俯冲可能需要一些"意外"。

简而言之，向下运动的物质包括以生物质和碳酸盐矿物的形式埋藏在地壳中的大量碳，其中大部分碳似乎会快速返回。但碳循环中最迷人、最神秘的部分，正是那些需要经历漫长旅程才能进入地幔的碳。

碳在深部会发生什么变化？

随着富水的俯冲板块将含碳矿物和黑色生物质带到越来越深的地方，温度也随之升高。生物大分子分解成较小的分子，主要是二氧化碳或甲烷。碳酸盐矿物也会分解，将更多的含碳分子释放到富含水的热液中。地幔中的碳并不"孤独"，它们总是与氧和氢结合，并且常常混入一点钠、氯、硫和其他元素。

问题就难在这里，要想知道碳在地幔中的变化，首先要了解水在高温高压条件下的变化。但在十几年前，也就是深碳观测计划刚开启时，地幔中的水还是一个未知的领域，没有人知道水在数百英里深的极端温度和压力条件下的详细特征。

阻碍我们前进的关键未知量是水的介电常数，用它可以衡量"极性"。水分子呈 V 形，1 个中心氧原子和 2 个像米老鼠耳朵一样的氢原子相连。氢带正电荷，而氧带负电荷，它们形成极性分子（正负电荷中心不重合的分子）。水的很多特性都与极性相关，比如它可以溶解食盐和许多其他化学物质，容易形成雨滴、结成坚硬的冰，还有植物茎的毛细作用，等等。介电常数反映了物质储存电荷的能力，它决定了水的行为。

我们知道水的介电常数会随着温度和压力的变化而变化，但在深碳观测计划启动时，我们对这一变化到底有多大一无所知。没有这些信息，我们就无法计算深部流体的关键信息，例如盐的溶解度、溶解分子的电荷量或溶液的酸度，预测地幔中的碳或任何其他溶解元素的行为也就无从谈起。因此，在 2008 年 5 月启动的有关深碳观测计划的研讨会上，约翰斯·霍普金斯大学地球化学教授迪米特里·斯韦尔杰斯基（Dimitri Sverjensky）公开呼吁要填补这个空白。

斯韦尔杰斯基的演讲仅有 5 分钟，但起到了预期作用。午餐时，来自法国历史悠久的里昂大学的地球化学教授伊莎贝尔·丹尼尔（Isabelle Daniel）有意坐在斯韦尔杰斯基旁边。她也一直在思考地幔中水的特性，她向斯韦尔杰斯基分享了关于极端温度和压力下水中碳酸盐矿物质特性的最新数据——这些数据揭示了水的介电常数。斯韦尔杰斯基和丹尼尔一拍即合，共同制订了一项引人注目的研究计划，并说服深碳观测计划的领导层将部分资源集中在深水领域。他们的这项倡议对我们理解深部碳来说是革命性的。

地球深层水

在地幔的高温高压条件下确定水的介电常数异常艰难，需要在理论和实验方面都取得相应进展才行。2012 年，加州大学戴维斯分校的朱莉娅·加利（Giulia Galli）及其研究生潘鼎解决了理论部分的问题。[13] 他们采用量子力学模型计算出 10 万个大气压时水的介电常数，该条件下地壳中稳定的碳酸盐矿物开始溶解在地幔中。此研究具有深刻的意义，即表明溶解在水中的碳可能是深部碳循环的一个主要因素。

　　与此同时，伊莎贝尔·丹尼尔及其在里昂的团队接受了对加利的预测进行实验验证的挑战。他们使用精密的、加热的金刚石压砧，测量了碳酸盐矿物在地幔条件下的溶解情况。[14] 实验得出了与理论预测非常相似的结果，这表明深碳行为的复杂性是以前未曾预料到的。

地球深层水模型

　　量化地幔条件下水的介电常数只是了解深部碳循环的第一步，要想获得水的介电常数的新预测值，需要结合高温高压流体的综合模型实验。目前学者们熟知的"地球深层水"（Deep Earth Water，DEW）模型，是斯韦尔杰斯基振奋人心的发明。

　　很少有人像斯韦尔杰斯基那样，对我的科学生涯产生如此深远的影响。20 多年前，在约翰斯·霍普金斯大学的校园里，我和他第一次见面。在他宁静的办公室里，可以透过窗户俯瞰一条两侧有繁茂树木的溪流。当时，我来请教他关于矿物表面生物分子相互作用复杂性的问题，这是一个可能对理解生命起源至关重要的难题。他对此十分感兴趣，但也较为谨慎。他表示他发明的矿物表面相互作用理论对单个球状金属原子很有效，但还没有发展到能应用于更复杂的三维分子上。

　　时间快进到 2006 年，斯韦尔杰斯基联系了我。他已经解决了分子吸附的问题，接下来他将有 1 年的休假时间，不过他想在地球物理实验室里度过。这使我欣喜若狂，于是我们共同建立了一个矿物表面实验室。在接下来的 10 年里，我们迎来了源源不断的优秀学生和充足的政府资助，并产出了几十篇研究论文。与此同时，我们都深度参与了深碳观测计划。[15]

　　斯韦尔杰斯基很快就和我成了朋友，这种纽带的建立一定程度上得益于我们对音乐的共同爱好。他在悉尼出生、长大，他父亲是澳大利亚最受尊敬的钢琴老师，拥有"伟大的斯韦尔杰斯基"的美誉。斯韦尔杰斯基是一位非凡的科学家，他极具创造力，但行事毫不浮夸，他的谦虚温和、严谨低调发自内心。毫不夸张地说，他创造的 DEW 模型是深碳观测计划的最高成就之一，将在深碳观测计划结束以后的很长一段时间继续释放红利。[16]

基于 DEW 模型，我们的研究进展顺畅，在地球深部碳循环问题上洞察到惊人的结果。先前的模型假定深层流体是水和二氧化碳的简单混合物，但斯韦尔杰斯基意识到原子在深部极端环境中可以重新排列，形成新型溶解分子。这些分子多为离子形式，带正电荷或负电荷。因此，碳酸盐矿物能够像盐一样溶解，这促进了深部碳的活动。

斯韦尔杰斯基还证明地幔是合成有机分子的工厂，并且这种碳基分子肯定在生命的起源中发挥了作用。[17] 在地球深部的极端条件下，乙酸（俗称醋酸，食醋的主要成分）开始形成，但如果温度或酸度发生改变，那么天然气和其他碳氢化合物将占据主导地位。伊莎贝尔·丹尼尔近期的实验还证明这里会形成更大的碳基分子，包括具有经济价值的石油成分。所有这些结果都表明，深部丰富且复杂的有机化学才刚刚露出冰山一角。

斯韦尔杰斯基最令人印象深刻的发现与钻石的起源有关，此前人们普遍认为钻石是碳原子在极端压力条件下形成的，认为在这个过程中水没有发挥重要作用。[18] 在与研究生黄芳的合作中，斯韦尔杰斯基发现钻石在含水的地幔流体中同样容易形成。高压富水溶液的酸度只需稍微增高一点，就能促使钻石晶体形成。因此，深层水酸度的自然波动，很可能导致了钻石生长和溶解的循环，这个循环过程与之前无法解释的天然宝石的生长机制相匹配。

所有这些发现都暗示我们，在地下 100 英里（160 千米）的深处存在一个活跃区域，一个隐藏着化学秘密的领域。在数十亿年来，这个区域对地球的深部碳循环发挥着关键作用。但我们该如何证实它呢？在地表有哪些证据可以支持斯韦尔杰斯基这个大胆的推断呢？

深层甲烷之谜 [19]

关于 DEW 模型最具争议且意义深远的发现之一，是该模型认为巨量的甲烷可能从地幔向上扩散，在地壳中形成巨大的储量。世界其他地区特别是俄罗斯和乌克兰的地质学家一直主张大部分天然气和其他碳氢化合物起源于深层非生物作用。然而，美国和其他石油大国的许多石油地质学家强烈反对这一观点。他们明确指出，死亡的动植物和微生物才是大量碳氢化合物的来源。我们中的一些人对双方的观点都表示怀疑，他们非黑即白的观点可能与当时冷战的敌意以及专业竞争有关。也许两个阵营都是正确的，即甲烷可以通过多种途径形成，这也是深碳观测计划希望探索的一种可能性。

我们该如何检验这些关于甲烷成因的假说呢？究竟是深层非生物成因还是浅层生物成因？有多少甲烷来自热地幔中的化学反应，又有多少来自更冷的地壳中的微生物活动？我们又该如何区分它们呢？难道不是所有的甲烷分子都长得完全一样吗？

的确，所有甲烷分子的化学式都是 CH_4，但事实证明，碳和氢的不同同位素使甲烷研究变得异常有趣。回想一下，碳原子总是恰好有 6 个质子（这是将碳与其他所有元素区分开来的特征），但这些质子可以结合 6 个或 7 个中子来形成碳 −12 或稍重的碳 −13（在下面的化学式中分别显示为 ^{12}C 和 ^{13}C）。氢是元素周期表中第 1 号元素，总是有 1 个质子，通常没有中子。然而，海水中大约每 6 420 个氢原子中就存在 1 个含 1 个中子的较重同位素氘，氘常用字母 D 来表示。

每100个甲烷分子中,约有99个是由4个普通氢原子包围1个碳–12原子组成的,这是甲烷最常见的天然形式。大约每100个甲烷分子中就有1个分子只含有1个较重同位素碳–13原子,而每1 500个甲烷分子中就有1个分子仅含有1个较重同位素氘原子。有趣的是,当普通甲烷分子中的原子被2个较重同位素原子所取代时,便产生了 $^{12}CH_2D_2$ 或 $^{13}CH_3D$,这类罕见的甲烷分子的双重取代同位素体,出现的概率只有百万分之一。所以,数一下,现在我们已经有了5种不同的甲烷分子。

令深碳观测计划的科学家兴奋的是,这些不同同位素组合的比例有可能揭示甲烷的起源。温度和样品的生物学发展过程都对同位素组合的比例发挥了重要作用。例如,理论家认为,在较高温度下形成的甲烷样品中 $^{12}CH_2D_2$ 的含量会略多一些,而微生物产生的甲烷中往往会相对缺乏 $^{13}CH_4$。[20] 我们所要做的就是测量所有样品中5种不同甲烷的比例,以此增进对甲烷起源的理解。

分子的质量是解开甲烷秘密的关键,5种甲烷分子中的每一种质量都略有不同。理论上,我们可以测量数百万个甲烷分子的质量,来确定几种分子各自所占的比例,进而确定它们的来源。但实际操作过程并非想象的那么简单。

很多实验室通常可以确定 $^{12}CH_4$ 和 $^{13}CH_4$ 的丰度,因为它们的质量相差约6%,相对容易测量。但在2008年我们启动深碳观测计划的时候,当时的技术还无法测量样品中微量的 $^{12}CH_2D_2$ 或 $^{13}CH_3D$。这是一个巨大的技术挑战,因为这两种稀有甲烷之间的质量差异不到1%。当时已有的仪器都不够灵敏,无法进行测量。因此,在项目早期,我们决定设计一种新的测量仪器。

加州大学洛杉矶分校的爱德华·扬(Edward Young)与北威尔士雷克瑟姆的 Nu 仪器公司的工程师展开合作,他们采用了一种基于"质谱法"（mass spectrometry）的传统方法，用磁铁分离出不同种类的甲烷分子。成功的诀窍是让甲烷电离，为每个甲烷分子增加一个电荷，这样它们便能在电场中加速，然后用强磁铁使高速运动的甲烷分子的路径发生弯曲。与质量较小的甲烷分子相比，质量较大的甲烷分子移动得更慢，偏转也相对较小。

爱德华·扬和他的同事将这种质量分离技术推向了极限，为了达到所需的分辨率和灵敏度，他们将一对弯曲的大金属板和一个重达 3 吨的磁铁串联放置，但是这同时产生了"离子光学"中一个棘手的问题，就是磁铁、电磁透镜和过滤器必须高度对准，这样电离的 $^{12}CH_2D_2$ 和 $^{13}CH_3D$ 分子才能以不同的路径穿过真空，最后击中不同的目标。最终他们制造出一台房间大小的大型仪器，他们称其为 Panorama（超高分辨率稳定同位素质谱仪）。爱德华·扬和他的同事冒着巨大的风险，投入了多年时间，花费了 200 多万美元，最终功夫不负有心人。[21]

2014 年 11 月 6 日，深碳观测计划的科学家在威尔士进行了首次成功实验，同时检测出 $^{12}CH_2D_2$ 和 $^{13}CH_3D$ 分子。科学家利用 Panorama 测试了威尔士的商业煤气样品，完美地分析出 2 个微小的同位素峰值。此后不久，该设备被转移到加利福尼亚州，人们利用该仪器对天然样品进行了第一次研究，并在 2015 年发表了首批研究成果。深碳观测计划中的有些人认为这笔巨额的投资有些得不偿失，面对质疑声，爱德华·杨自信满满，他说："我知道它一定会成功的。"爱德华看待 Panorama 的态度很达观："人们总说，好的科学不应该是由仪器驱动的，但仪器方面的突破一次又一次地推动了科学领域的发展，这台设备的开发就是一个很好的例子。"

激光

即使深碳观测计划支持上述新型质谱仪的开发，我们也进行了风险对冲。小野修平（Shuhei Ono）是麻省理工学院新入职的助理教授，也是使用传统质谱仪的专家，多年来一直在尝试开发一种全新的基于激光光谱的同位素测量技术。[22]

小野修平试图用几张精美的幻灯片简明扼要地解释"量子级联激光光谱"的原理。像甲烷这样的气体分子会吸收数百种不同波长的光，这是电子振动精确调谐的结果，正如小提琴的琴弦会在特定的谐波频率共振，原子中的电子也会发生共振。不同波长的光对分子的同位素组成极为敏感，用 ^{13}C 代替 ^{12}C 或用 D 代替 H，共振会发生显著变化。

小野修平认为，使用强大的可调谐激光器，或许能够确定普通甲烷与 $^{13}CH_3D$ 的比例。如果他能用一种新的光谱仪测量被吸收的光的强度，仪器的灵敏度高到足以分辨不同甲烷变体的特征波长，那他就提供了一种新的选择。更重要的是，相比 Panorama，激光仪器要便宜得多，而且还可以被缩小至相对便携的大小，或许有朝一日能够被带去火星。

这个想法理论上非常好，但是开发新技术需要经费支撑，而传统的资助机构似乎不愿意投资未经证实的光谱应用技术。2012 年，深碳观测计划给小野修平提供了 10 万美元资助。尽管这些资金对于制造新仪器来说远远不够，但以深碳观测计划的影响力，这个动作足以吸引其他机构加盟。不到 1 年时间，小野修平就拥有了他的新仪器和第一批实验成果。

仪器的效果比他想象的要好，不同的甲烷变体以锐利尖峰的形式被区分开来。现在我们有了两种互补的技术，对小气体分子中同位素的研究正在如火如荼地进行，关于氧气和二氧化碳的新成果也已经发表，探索地球及其碳循环的前景从未如此光明。

随着越来越多的数据涌现，甲烷的故事变得更加复杂和微妙。[23] 有些样品来自生物和低温环境，其他则来自地球深部和高温环境。但许多甲烷样品（包括那些来自油井、深海微生物和牛的来源差别巨大的样品）呈现的分布特征都显示它们不同程度地含有甲烷的 5 种变体，这表明甲烷源区的混合作用并没有达到同位素平衡。对此，深碳观测计划的科学家们非但没有感到沮丧，反而意识到利用甲烷和许多其他小分子的同位素变体，我们有望前所未有地洞悉深部碳的奥秘。

又有多少碳返回地表？

俯冲进地幔的大量碳最终又返回地表，其中一些以二氧化碳分子的形式弥散到地壳中——在地下深处，热量或流体作用使岩石中的碳缓慢释放。地壳也会"呼出"甲烷，富含甲烷的冰冷沉积物深藏在地壳中，很大程度上属于未知领域，其中一些被埋在北极永久的冻土层中，更多的则被封存在大陆架中。当天气变暖时，冰雪融化会释放出甲烷。微生物、白蚁和奶牛也会产生一定数量的甲烷，所有能呼吸的动物在新陈代谢的过程中都会产生二氧化碳，但这些来源的碳总量都不大，而且是局部的，难以在全球范围内量化和整合。相比之下，火山喷出的含碳气体的数量则相当可观。

西西里岛东海岸的埃特纳火山堪称世界上最大的二氧化碳单一排放源，平均每天排放近 5 000 吨二氧化碳，在大喷发期间，每天的排放量接近 2 万吨。[24] 埃特纳火山熔岩穿过厚层石灰岩（thick layer limestone）时，石灰岩受到高温加热而分解，这正是巨大的二氧化碳排放量的来源。许多其他火山，甚至是一些远离碳酸盐岩的火山，每天也会产生数百吨二氧化碳，这些二氧化碳大部分来自地幔深处。总之，火山可能是大气中二氧化碳最大的单一天然来源。但是全球范围的火山究竟会产生多少二氧化碳呢？

火山碳

所有火山在喷发前和蒸腾过程中都会产生二氧化碳，有些火山的产出会格外多。但是最终有多少二氧化碳被排放到大气中？排放是恒定的，还是像打嗝一样间歇式的？哪种方式产生的碳更多，是缓慢而稳定的释放，还是偶尔的爆炸式喷发？考虑到大气中二氧化碳的重要性，尤其是人类活动对大气成分的影响，我们是不是应该弄清楚火山到底是大气中二氧化碳的主要来源，还是只是本底水平上的一个小点？

从一开始，深碳观测计划就发起了一项旨在记录火山气体排放情况的全球性计划。深碳观测计划的科学家支持新型仪器的开发，包括具有全天候无线电监测功能的便携式气体传感器、用于气体化学和同位素分析的实验室仪器，甚至还有用于进入危险和偏远地区的碳传感无人机。来自世界各地的专家聚集在一起，发起了地球深碳脱气计划（Deep Earth Carbon Degassing Project，DECADE）。地球深碳脱气计划与火山和大气变化观测网（the Network for Observation of Volcanic and Atmospheric Change，NOVAC）实现了联合发力，火山和大气变化观测网与各地组织合作，已为五大洲的 40 多座火山装上了监测仪。协调五大洲各国政府的目标和关切并非易事，但火山监测的重要性是显而易见和令人信服的。

精确测量火山的二氧化碳排放量极其困难。一方面，大气中已经含有超过 0.04% 的二氧化碳，在普遍存在的高浓度背景下，火山的贡献充其量只是在局部地区导致二氧化碳浓度的略微增加。另一方面，火山气体是高度可变的，它们从下方以脉冲形式喷出，喷出的气体随风旋转和摆动。在这样的挑战下，要想直接测量活火山排出的二氧化碳总量几乎是不可能的。

对二氧化碳排放总量相对可靠的估计方法是利用二氧化碳与二氧化硫含量的比值，二氧化硫也是许多火山的一种重要排放物（并且非常臭）。[25] 地球的大部分大气不含大量二氧化硫，所以不需要考虑背景值。更重要的是，二氧化硫会产生强烈的吸收信号，所以测量该气体的总排放量比较容易，我们甚至可以通过卫星进行测量。因此，如果你可以确定火山附近二氧化碳与二氧化硫含量的比值以及二氧化硫的总量，那么计算该火山的二氧化碳排放量就很容易了。

为活火山配备气体监测仪是一项艰巨且危险的工作——爆发的毒气、灼热的熔岩流、沸腾的岩浆池及偶尔飞来的熔岩弹，都是家常便饭。火山学家只有戴上防护头盔和防毒面具才能部署这些仪器，他们拖着沉重的装备，徒步到凶险的活火山口边缘。科学家和他们的设备受到大风、恶劣天气以及火山腐蚀性气体的威胁。2015 年 3 月，智利比亚里卡火山喷发时，深碳观测计划的一个实验站就遭到了摧毁。1 年后，位于哥斯达黎加波阿斯（Poás）火山边上的仪器也遭到了摧毁，万幸的是，在火山喷发的前几天，仪器已经将二氧化碳排放量突增 100 倍的数据发送了出去。

火山的行为是难以预测的，它们可以平静很长时间，几年、几十年，然后突然喷发。火山学家们奋不顾身地奔向这些随时可能发生火山喷发的危险区域，尤其是在火山活动增强的时候。因此，可以说火山学是"最致命"的科学领域之一。在 1980—2000 年，这个只有几百名研究人员的群体里死亡人数超过 20 名。

随便找个火山学家询问，你大概率会听到他痛失挚友的故事。美国地质调查局的大卫·约翰斯顿（David Johnston）于 1980 年 5 月 18 日上午去世，享年 30 岁，当时他在距离圣海伦斯火山口 6 英里（约 10 千米）的观察哨被火山喷发的巨量熔浆吞没。[26] 他通过无线电广播传出的最后一句话是："温哥华！温哥华！就是它！"在仿佛是宿命的那天，约翰斯顿与他的同事亨利·格里肯（Henry Glicken）换班后不幸遇难。而时隔 11 年后，亨利·格里肯在日本云仙山的一次喷发中丧生，此次喷发中一股炽热的气体和火山灰也夺去了法国火山学家卡蒂亚（Katia）和莫里斯·克拉夫特（Maurice Kraft）的生命。[27] 1993 年 1 月 14 日，哥伦比亚安第斯山脉的加勒拉斯（Galeras）火山的喷发造成了更大的伤亡。[28] 当天，参加火山学会议的研究人员正在开展一次重点的实地考察，突如其来的炽热巨砾、熔岩还有火山灰夺走了 6 名科学家和他们同伴的生命。这次考察的领队是来自亚利桑那州立大学的斯坦利·威廉姆斯（Stanley Williams），时年 40 岁的他也险些丧命：一块飞来的巨砾砸断了他的双腿，几乎切断了他的右脚；另一块棒球大小的石头砸碎了他的头骨，并将骨头碎片深深推入了他的大脑。

火山学家深知，深入活火山的每一步都有可能是他们的最后一步，那么为什么还要冒险进入这些致命的地方？他们会毫不犹豫地说，因为这些地方值得冒险。火山是大自然中最令人敬畏的奇观之一，它为我们研究地球动态的深部提供了一个绝佳的窗口。火山学家是幸福的，他们到访了地球上一些最偏远、最美丽的地方，那里的风景美得让人窒息，简直可以说是可以改变人生的精神体验。最重要的是，对于生活在活火山附近的 5 亿多人来说，了解这些不稳定的山脉，尤其是了解如何预测火山喷发，具有重要的现实意义。在这一过程中，碳是关键。

地壳与地幔

火山学家玛丽·埃德蒙兹（Marie Edmonds）花了多年时间研究活火山，她对活火山的痴迷始于 1980 年 BBC（英国广播公司）电视专题片播放圣海伦斯火山喷发。"我当时只有 5 岁，"她回忆道，"但我非常清晰地记得大片树木被喷发的岩浆夷为平地。"在家人和老师的鼓励下，她同时学习了科学和音乐（作为一名音乐会钢琴家）。后来，科学获胜，但她又在地球科学和天文学之间摇摆不定（她也想成为一名航天员），不过在大学的最后 1 年，她还是选择了地质学。

埃德蒙兹在剑桥大学获得了她的学士和博士学位（目前在这里任教），并过上了冒险的生活。她曾在加勒比海和夏威夷的火山观测站做博士后研究，还参与了对许多活火山的探险，包括 2004 年沉寂的圣海伦斯火山再次苏醒，2006 年阿拉斯加奥古斯丁火山的喷发，以及加勒比海蒙特塞拉特岛上异常危险的苏弗里耶尔火山。她的实地考察有时异常危险：苏弗里耶尔火山的爆炸式喷发不可预测，但最大的危险来自维护不善的直升机，"我旁边的一扇门从直升机上掉了下去，差几英寸就撞到了尾桨。还有一次，其中一台发动机出现故障。我们做了很多我现在绝对不会做的事情，因为我现在有了孩子，他们需要我"。

埃德蒙兹的研究关注的是"有多少碳从深部返回"。2017 年，埃德蒙兹与剑桥大学本科生艾米丽·梅森（Emily Mason，后来攻读了博士学位）合作，在《科学》（Science）杂志发表了一项颇具影响力的研究，她们研究了独特的"弧火山"（arc volcano）家族的碳排放，这些弧火山是在两个相邻板块相撞之处附近形成的活火山链。[29] 当一个板块俯冲到另一个板块下方时，潮湿的、被埋藏的岩石会被加热以至于发生部分熔融，由此产生的岩浆上升侵位后会形成一条弯曲的火山链，如阿拉斯加的阿留申群岛。这条大约 1 100 英里（1 770 千米）长的火山链包含有数十座火山，其中几座常年处于活跃状态。所有这些雄伟的山峰都会排放二氧化碳，埃德蒙兹和梅森想知道这些二氧化碳的来源。

她们聚焦同位素。碳的同位素能为我们揭开部分真相。"重碳"（Heavy carbon）在这里指的是比一般的碳重一些的碳 -13，它指示了加热后分解产生二氧化碳的碳酸盐矿物的来源。较轻的碳更有可能来自生物，由曾经的活细胞分解。但是碳同位素本身并不能提供完整的图景，因为所有的含重碳的碳酸盐看起来都一样，无论是在深部重熔的俯冲碳酸盐，还是挡住炽热岩浆去路的浅部碳酸盐。

埃德蒙兹和梅森通过观察氦同位素解决了关于碳酸盐来源深度的问题，她们认为较轻的氦-3来自地幔，而较重的氦-4主要集中在地壳。她们研究了包括意大利、印度尼西亚和新几内亚在内的世界各地的很多火山带，发现它们均具有"重氦"特征，这表明火山喷出的二氧化碳主要来源于地壳中的石灰岩，而不是俯冲碳酸盐。

这个发现意义重大。如果火山排出的二氧化碳大部分源于浅层，那意味着大量俯冲下去的碳不会通过火山进行再循环。在一些俯冲带中深埋和封存的碳或许比之前想象的要多得多。"我们正在挖掘原始方程式中不存在的一些碳，"埃德蒙兹解释说，"这说明回到地幔的碳可能比以前想象的还要多。"

利用碳预测火山喷发

今天的地球上有 2 000 多座火山，其中大部分被归类为"休眠火山"，它们在过去几千年的某个时间产生过熔岩和火山灰，但短期内不太可能再次喷发。令人担忧的是大约 500 座"活火山"，它们定期喷发，短则每天都会喷出火山灰和水蒸气，长则每隔一两个世纪就会发生可怕的喷发事件。危险是真实存在的，但人类的记忆是短暂的。否则为什么还有成千上万的人会住在那不勒斯附近的维苏威火山两侧呢？大约 2 000 年前，那里的庞贝古城就被掩埋在致命的火山灰中。为什么要在夏威夷岛基拉韦厄（Kilauea）火山口附近的斜坡上开发住宅呢？就在 2018 年，无情的熔岩流把那里的豪宅夷为平地。

　　炽热的气体和火山灰的爆炸性喷发比熔岩流更为可怕——火山碎屑流（pyroclastic flow）能够以接近声速的速度从火山斜坡上倾泻而下。从加勒比群岛到菲律宾，再到华盛顿州的西雅图和塔科马地区，许多主要的人口密集区都建设在受火山碎屑流直接威胁的地方，这些都是有据可查的。全世界有数亿人生活在活火山的死亡地带，还有数亿人受到较远距离外的火山气体和火山灰的威胁，这些气体和火山灰会影响空气质量并定期扰乱航班运行。

　　考虑到这类迫在眉睫的灾难，密切关注那些具有极大破坏潜力的火山似乎是明智之举。由于大多数火山喷发前都有预兆，因此政府机构和相关实验室都对地球上许多极危险的火山持续进行着监测。典型的监测设备包括地震仪（用于探测任何喷发前地下的岩浆活动）、倾斜仪（测量近地表处由岩浆上涌引起的膨胀），以及热传感器（记录岩浆上涌过程中增加的热流）。

　　火山还以其他方式改变环境，我们可以从中发现一些火山可能喷发的信号，关键就是火山气体。地球深碳脱气计划的科学家们发现，在多次火山喷发之前，二氧化碳与硫的比值会急剧上升。这个发现强调了科学中反复被提及的一个课题，就是研究人员希望通过监测火山的二氧化碳排放量来了解形成地球原始大气并继续塑造今天大气的碳循环。正是在对此课题的研究过程中，他们发现了一种简单且极有潜力的方法来预测火山喷发。

金刚石的启示[30]

　　小而稀有的金刚石代表着通过火山喷发从深处冒出来的微小部分的碳。然而，由于金刚石拥有坚韧性和不渗透性（impermeability），而且它们形成于地幔深处，很好地记录了地幔信息并把这些关于其生长环境的信息带到了地表，所以它们以独一无二的方式展示了深部碳循环。

关于碳循环，金刚石提供了 2 条强有力的线索：流体包裹体（fluid inclusion）和同位素。我们已经见过金刚石中堆积的绿色、红色和黑色的微小矿物包裹体，但并非所有包裹体都是晶体。富含水和碳的微小液滴状包裹体揭示了从地表俯冲而下的流体在深部发生的复杂反应。最近在金刚石中发现的包裹体与实验模拟和理论推测的结果惊人地一致：在地幔深处，形成了新型富碳流体。就像油和水一样，2 种截然不同的流体可以共存于 1 个包裹体中。金刚石提供了明确证据，证明一些类似石油的碳氢化合物形成于数百英里深处，超出了活细胞的生存范围。

形成金刚石的碳同位素也提供了一些线索，指向遥远而古老的碳原子来源。在经过检测的金刚石中，大约 90% 带有典型的地幔碳同位素特征。值得注意的是，有一小部分相对"年轻"的金刚石（"年轻"是指年龄在几亿年之内），主要由"轻碳"组成，较重的碳 −13 同位素相对缺乏。[31] 对于在地表附近采集的任何样品，若它们呈现这样的特征，我们可以将其解释为碳原子至少在活细胞中循环过一次。可是含轻碳同位素的金刚石呢？它们发生的是同一个变化过程吗？它们的碳原子是否曾经存在于死亡并被埋藏的细胞中，然后下沉至地球深部，在那里转化为珍贵的金刚石？虽然目前还没有定论，但对于我们这些刚开始窥见地球非凡的深部碳循环的人来说，不会对许多金刚石中的生物碳源感到意外。

碳平衡

人类生活改变全球碳循环的方式目前备受关注。数十亿年来，地球似乎在向深部俯冲的碳和火山释放的碳之间找到了一种平衡，这种平衡有助于稳定气候和环境。但是这种持续不断的碳循环的稳定性究竟如何？进入地球深部的总碳量，包括封存于岩石中的、埋藏在沉积物里的、俯冲进入地幔的，这部分碳与通过火山和其他较为温和的方式返回地表的总碳量是否完全相等，大自然并未做出规定。但对于深碳观测计划来说，没有什么比二者的平衡更重要了。

地球的碳循环是平衡的吗？玛丽·埃德蒙兹的研究显示，很多俯冲带将大量碳埋在了地球深部。相反，特里·普兰克认为通过俯冲作用来封存碳极其困难，这不是一种普遍的规则。那么到底哪个理论是正确的呢？

2015 年，两位极具远见卓识的深碳观测计划领导人——哥伦比亚大学的彼得·凯莱门（Peter Kelemen）和加州大学洛杉矶分校的克雷格·曼宁（Craig Manning），试图用一张简洁的深部碳循环图表来总结所有数据，类似教科书中的碳循环图表。[32] 这张精致的图表上有 6 个红色箭头，每个箭头都代表了地表和深部之间的一处重要的碳通量，每个箭头旁都有一个或多个小方框，上面记录着以兆吨（megaton，百万吨）为单位的每年的碳通量。该插图在深碳观测计划的数百场研讨会和讲座中出现过，它已经成为一个标志，表明我们对地球上的碳还有多少需要了解。

需要强调的是，没有任何一个箭头或它们对应的方框是受到严格约束的。凯莱门和曼宁估计，山脊和海洋岛屿火山每年的碳排放量为 8 兆—42 兆吨，弧火山每年的碳排放量为 18 兆—43 兆吨。对于快速返回地壳和空气当中的俯冲碳，最低估计值为每年 14 兆吨，最高估计值可达前者的 5 倍。最令人警醒的是，计算分析显示，从地表到深部的净碳通量最高达 52 兆吨，而最低为 0！

我们观测到了一些表明地球碳平衡可能在发生变化的迹象。我们的星球已经冷却了超过 40 亿年，曾经在深部高温环境下分解的碳酸盐矿物，或许现在可以在现代较冷的条件下继续向下俯冲到更深的位置。时间也改变了这种固有的平衡，地球不断"学习"新技巧，将碳封存在黑色页岩、富含贝壳的石灰岩、煤和浮游生物遗骸沉积形成的软泥中。随着气候变化和海洋化学性质的改变，碳运动的机制和速率也随之发生变化。

或许是一个幸运的巧合，在地球历史的大部分时间里，通过俯冲进入深部的总碳量与通过火山喷发和其他作用释放的总碳量基本平衡。因此，当厚厚的海藻垫和茂密的热带森林在为生命找寻碳时，能够获得充足的碳来滋养生命。

尽管关于碳平衡的研究尚没有定论，也还有很多工作有待完成，但一些科学家已得出了一个重要推论，即碳平衡可能已经发生了变化。归因于能够形成碳酸盐的浮游生物，海洋沉积物中封存的碳比以前的大多数时代都多。其中一些碳可能已经开始了进入深地幔的漫长旅程。由于地球在过去 40 多亿年里一直在冷却，俯冲下去的碳酸盐并不容易分解成能够通过火山喷发返回地表的二氧化碳——下去的不一定会上来。尽管具体数字尚不确定，但大多数计算结果表明，表层碳被掩埋的速度可能越来越快，生命所需的碳在短短几亿年内就会耗尽。不过也不要为此而失眠，因为这只是地质尺度上的缓慢变化。显而易见的是，地球碳循环在持续不断地变化，将继续让人惊讶。

这并不是说我们可以忽略对碳的担忧。假如你真的会因为不断变化的碳循环而失眠，那么先不要把注意力放在地球上，多看看我们自己。

返始咏叹调
大气的变幻

很多东西在燃烧时都会不可避免地产生二氧化碳这种副产品，不管它是有名的亚历山大图书馆、加利福尼亚州的一片灌木丛、德累斯顿的一所房子，还是一叠旧报纸或是一把斯特拉迪瓦里小提琴。从旧石器时代的古人学会控制火开始，人类就一直通过燃烧燃料来温暖住所、烹饪食物并照亮夜间黑暗的道路。长期以来，人类的碳"足迹"，或者说大气中碳的净增减量，是处于平衡状态的。我们燃烧木材时会产生二氧化碳，而新的树木生长时要消耗二氧化碳。

随着深埋于地下的富碳燃料的发现，平衡开始发生变化。在工业革命之前数千年的时间里，尽管泥炭、烟煤和石油一直在被少量开采，但它们还不足以对大气平衡造成显著改变。到了工业革命时代（电气革命和机械化运输革命紧随其后），平衡才发生了真正的改变。能源需求的激增伴随着石油和煤的大量开采，推动了科技社会的疯狂发展，人类迎来了繁荣和物质享受的浪潮。

在过去的 200 年里，我们开采了数千亿吨富含碳的煤和石油，目前每年这些燃料的燃烧会向大气中排放约 400 亿吨二氧化碳，这个数量是世界上所有火山二氧化碳排放量的 1 000 倍。人类的活动彻底打破了碳循环的平衡。

真相

对碳及其在气候变化中的作用，我们没必要含糊其辞，以下 4 个事实是无可争辩的。[33]

事实一：二氧化碳和甲烷是强温室气体。它们的分子捕获太阳辐射，减少了地球向太空辐射的能量。大气中二氧化碳和甲烷的浓度越高，意味着大气捕获的太阳能越多。

事实二：地球大气中二氧化碳和甲烷的含量正在迅速增加。关于此事实的证据有不同的来源，其中研究人员对被困在极地冰层中的来自过去的气泡进行的研究（每 1.6 千米冰心对应大约 100 万年的时间），为现今大气的变化提供了直接的确凿证据。在过去的 100 万年中，二氧化碳的浓度几乎一直在 0.02% 和 0.028% 之间波动，最低值对应于地球上的冰期。而在 20 世纪中叶，该值突破了 0.03%，这可能是数千万年以来首次出现这种情况。2015 年，二氧化碳浓度超过了 0.04%。每项分析都表明，这个数值的上升速度比几百万年来的任何时候都要快。大气中甲烷含量的升高更加显著，100 万年来，甲烷浓度几乎都在 4×10^{-7} 和 7×10^{-7} 之间波动，该值同样与冰期的到来和离去有关。而在过去的 200 年中，甲烷浓度增加了约 2 倍，飙升至 2×10^{-6}。与二氧化碳一样，甲烷浓度比数百万年来的任何时候都高，而且比以往上升的速度更快。

事实三：人类活动，尤其每年燃烧数以十亿吨计的化石燃料，是造成几乎所有大气成分变化的主要原因。

事实四：1 个多世纪以来，地球一直在变暖。1880 年以来的记录显示，最热的 12 年都发生在过去 20 年中。2014 年比以往任何一年都热，2015 年全球平均地表温度比 2014 年高出不止 0.1 摄氏度，2016 年再创历史新高，2017 年几乎和 2016 年一样热。21 世纪头 20 年的平均气温比 1 个世纪前高了不止 1 摄氏度。

几乎所有研究过以上事实的科学家都达成了以下共识：人类活动正在导致地球升温。这个结论不是意见或推测，也跟政治或经济无关，这不是研究人员为了获得更多资金的策略，也不是某些环保主义者夸大其词的新闻报道。

有关地球的情况有一些是真实的，气候变暖就是其中之一。

结果

在如此短的时间内，大气中碳的含量翻倍，随之而来的全球变暖是前所未有的。人类正在进行一场没有预案、没有安全保障的地球工程实验，意想不到的后果已经开始显现。

随着大气中二氧化碳含量的增加，海洋中二氧化碳的含量也已相应升高。虽然海洋酸度的上升幅度较小，但这一变化具有明显的破坏性，因为酸化的海水会侵蚀碳酸盐壳并导致珊瑚死亡。一些海洋生物学家担心，全球范围内的浅海生态系统会崩溃。

受大气和海洋变暖的影响，无论是中纬度的高海拔山区还是极地地区都出现了前所未有的冰川消融。在许多沿海地区，海平面已经明显上升，也许是几英尺，也许是更多，总之这无可避免。海洋深度的变化并不是什么新鲜事。在过去的数百万年里，地球至少经历了 10 次冰期，那些时期地球上多达 5% 的水被冻结成冰盖和冰川，海平面因此下降了数百英尺。与之相反的时期，地球上曾仅有不到 2% 的水被冰封起来，海平面也经历了至少 10 次的抬升，逐渐接近或略高于现代海平面的高度。

令人担忧的是，冰川正在以空前的速度消失，南极巨大的冰架正在碎裂。随着更多的冰融化，海洋逐渐变深，增加 100 英尺（30.5 米）的情况并非没有先例。如果按照目前的趋势继续发展下去，生活在沿海地区的数亿人可能会在几个世纪内流离失所，某些州（特别是佛罗里达州和特拉华州）和某些国家（荷兰、孟加拉国和一些太平洋岛国）也将不复存在。

大气和海洋变暖还会影响气候，如导致降雨模式发生变化、强风暴的强度更大，原本使某些地区变暖、某些地区变冷的洋流也可能发生变化。2017 年，安大略省滑铁卢大学的丹尼尔·斯科特（Daniel Scott）为气候变化对 21 个冬奥会场地旧址的影响（这些影响是可变的，有时甚至是矛盾的）建立了模型，并一直预测到了未来的 2040 年。[34] 在 20 世纪，所有这些场馆都持续保持寒冷，冬季气温在冰点以下的天数在 90% 以上。但斯科特的模型显示，包括加拿大温哥华、挪威奥斯陆和奥地利因斯布鲁克在内的 9 个雪地将变得不可利用，因为其冬季会有四分之一以上的时间温度在冰点以上。2014 年冬季奥运会的举办地俄罗斯索契在斯科特的模型中表现最差，预计到 2040 年，那里的冬季一半以上时间气温会高于 0 摄氏度。

气候变化的破坏性影响已经在全球的生态系统中显现了，不过，气候变化也并非一无是处。在格陵兰岛的北极区域，1 000 年以来，人们一直在寒冷、黑暗的冬季里以冰钓为生，现在他们可以享受全年开放的水域；在加拿大中部，作物的生长季变得更长；大西洋和太平洋之间无冰的西北航道可能会加速全球航运过程；一些被冰层覆盖的岩石有史以来第一次裸露出来，矿业公司开始可以勘探到更丰富的矿石。

但其他变化实在令人不安，这些变化对任何人都没有好处。非洲撒哈拉沙漠快速扩张，吞并了曾经稳定的村庄。不知多少个世纪以来，北极地区过于寒冷，不容易发生虫害。但有史以来第一次，这里在七八月份遭受了成群的蚊子和黑蝇的侵袭。生态区每年向北移动数英里，这可能超出了森林、田野及候鸟可以适应的速度。

科学家可以预见甚至缓解由地球变暖引起的许多稳定的增量变化。但是，带来最大风险的"临界点"（超过临界点后，气候变化将陡然加速）是我们难以预料的。[35] 甲烷是一种比二氧化碳温室效应更强的气体，危害性可能也更大。地球上几乎所有的甲烷都被封存在地壳中，如冻土带和大陆架下巨大的富含甲烷的冰层。虽然很难定量估算，但专家们一致认为，全球范围的冰中甲烷的含量是所有其他来源的数百倍，其中所含的碳可能超过了所有其他化石燃料的总含碳量。几千年来，甲烷一直是地球碳循环的被动部分，处于休眠状态，被埋在地下。

最终的灾难场景恐怕就是全球范围内甲烷的正反馈，那时，地球气候越过了让一些人在夜间冒着冷汗惊醒的临界点。气候变暖会导致冰层融化和甲烷释放，从而引起更严重的气候变暖和更大规模的冰层融化，大气中的甲烷含量可能会飙升，温度也会随之继续升高。我们不知道这是否会发生，但这种正反馈一旦开始，一切可能就太晚了。

我们要明白，无论我们对地球做了什么，无论未来会发生什么变化，生命都将继续存在，碳也会继续循环。但是，我们人类为即将到来的变化做好准备了吗？

解决方案

人类继续向大气中排放大量二氧化碳，这犹如一场无形的、不受控制的洪流，将产生此前数百万年都不曾出现的影响。这并不是危言耸听，飙升的二氧化碳含量不会骗人，后果也在产生。否认这个事实的人若不是无知，就是贪婪，或者兼而有之。

对于个人来说，我们应该做些什么呢？在这个时代，带领人们过上碳中和的生活是一项艰巨的挑战，因为碳排放遍及整个社会，阻碍了我们许多美好愿望的实现。你会为"清洁"能源建造一个巨大的风力涡轮机吗？在此过程中，你可能需要砍伐大量植被，并为地基浇筑在生产过程中会排放大量二氧化碳的混凝土。你会开电动车吗？电力可能来自使用化石燃料的发电厂。利用好公共交通和有机农业，使用再生铝和布制尿布，所有这些行动都可以有效减少能源消耗，但在某种程度上仍然依赖于碳基燃料。不管你住在城市还是农场，或是介于两者之间的任何地方，你都很可能是温室气体的净生产者。

科学家往往是乐观主义者。尽管上述全球性变化可能会带来意想不到的灾难，但我们仍在寻找解决方案，并且看到了一些机遇。彼得·凯莱门就是这样一个乐观主义者。凯莱门在哥伦比亚大学著名的拉蒙特－多尔蒂地球观测站工作。该观测站坐落在哈德逊河附近帕利塞兹地区著名的玄武岩悬崖上，就在哥伦比亚大学曼哈顿主校区的对岸，是研究地球岩石、海洋和大气的好地方。

尽管凯莱门的眼前是壮观的岩层，他却将目光投向了遥远的阿拉伯半岛阿曼的雄伟山地。在那里，受阳光炙烤的土地一年中大部分时间的温度都高达 60 摄氏度。凯莱门在此处研究过地球上最奇特的岩石之一——蛇绿岩，这种巨大的地幔岩块本应被埋在数十英里以下，但不知何故却出现在了 1 万英尺（约 3000 米）高的山顶。

乍一看，凯莱门是一个随和的人。他蓄着柔软的、略带灰白的胡须，无论是遇见老朋友还是新朋友，他都会不由自主地微笑，与你握手，用一种舒缓、轻松的语气说话。他给人一种闲散的感觉，你会想和他一起走一段长长的路。不过，第一印象可能会产生误导。

在阿曼从事地质工作可不适合闲散的地质学家。阿曼文化在一定程度上是热诚待人的，但在那里开展野外地质工作却不那么容易，因为这项工作似乎带有一定的侵略性。外国人对他们的土地动手动脚，这难免令他们产生敌意。而凯莱门想要的还不仅仅是从路边的露头上敲下几块石头，他想在这里打钻以取出数千英尺下的岩心。因此，在这里工作会遇到一些可以理解的延迟和障碍。研究者必须获得由土地、水利、矿产等部门批准的许可证，必须雇用阿曼当地的钻井公司并支付相应的费用。此外，由于没有人在这些蛇绿岩山脉上开展过钻探，新研究可能需要采用新规定，但似乎还没有一个权威机构对此有确切的把握。

延误意味着工作处于不确定状态，实地考察被搁置，旅行计划被取消。考虑到这些行政障碍，许多科学家会放弃去这里开展研究。但凯莱门有决心、有动力，还有在外人看来仿佛无限的耐心和冷静。等了很多年以后，阿曼钻探项目终于启动，并取得了历史性成果。

凯莱门的研究再次证实了一些我们已有的认知，阿曼的蛇绿岩山脉是地幔岩石在板块构造的作用下仰冲到较浅的玄武岩洋壳之上所形成的。这些地幔岩石富含镁和钙，但硅含量很少，当暴露在地球大气中时，它们会与二氧化碳迅速反应，形成由碳酸镁和碳酸钙构成的纵横交错的白色脉体。

凯莱门和他的同事发现，这种碳酸盐矿物的形成速度非常惊人。蛇绿岩从空气中吸收二氧化碳，以极快的速度形成新的碳酸盐矿物。当富含矿物质的地下水从露头渗出时，你甚至可以看到晶体在池塘或水池中形成、生长。很多矿物只有在地球深部的高温环境下才能快速形成，而蛇绿岩不同，其形成过程在室温下也能发生，当然不可否认的是，阿曼的平均温度比你家客厅的温度要高得多。这些新生矿物比原来的矿物占据了更大的体积，使地层得到扩展。这或许可以解释为什么尽管当地几乎没有地震活动，但阿曼的山脉仍然在以每年几毫米的速度升高。

凯莱门的脑海中浮现出以下结论：蛇绿岩在不停地消耗二氧化碳。阿曼拥有大量蛇绿岩，足以将人类产生的所有二氧化碳封存数百年。目前，阿曼政府并不想参与这项封存计划——该国的经济基础是石油，而不是碳封存。但这些岩石不会消失，它们为解决地球碳危机做出贡献的前景仍然存在。彼得·凯莱门是一位耐心的乐观主义者。

尾奏

已知、未知与不可知

在碳科学的众多问题中，没有哪个比"碳循环对人类未来的影响"更紧迫。我们测量大气中碳含量的精确度远高于测量其他储库中碳含量的精确度，我们可以同样准确地记录大气中碳含量的波动和它令人担忧的升高。二氧化碳和甲烷作为温室气体，它们的增加必然导致不可避免的全球变暖，这是毋庸置疑的事实。要求节制和改变的个人呼吁和国际公约应该得到全球每个公民的支持，生活中我们每个人都应当有一种紧迫感。

尽管关于碳的关键数据越来越多，表明碳含量的快速变化会导致诸多潜在后果的证据也越来越多，但仍有很多问题有待我们去解答。[36] 斯隆基金会的官员杰西·奥苏贝尔指导了深碳观测计划的建立和发展，他强调了一些研究者的某种倾向，即他们更专注于"安全的"科学。"我们愿意在会议、杂志和广播中谈论我们已知的信息，"他感叹道，"但是我们很少探索和透露我们认知的局限性。"

研究人员的职业生涯都需要项目资助和发表论文，因此很多人都倾向于在已知的安全边界内开展调查、进行实验，而不是探索未知问题，这点很容易理解。然而，在知识的宏大版图上圈出我们未知的问题，策划一场对未知的探险，应该能让任何真正的科学家心跳加速。

我们的认识边界是什么？哪些问题容易回答，哪些问题难以回答，为什么难以回答？暂且将气候变化问题搁置一旁，回顾数十亿年来地球深部碳循环的整个过程，奥苏贝尔列出了区分已知、未知和不可知的自然界的三大内在特征。

深时是获取认知的第一个障碍，研究行星的科学家对这点再熟悉不过了。历史会褪色，逐渐从我们身边消逝，但多亏了无数科研工作者通过实地考察从世界各地带回的样品以及技术分析能力的不断增强，我们可以深入观察这些样品中的每个原子和分子。我们确信，在过去的几千万年至几亿年间，地球近地表的条件变化无常，在与之对应的地质年代里，大多数矿物确实存在，其中所含的由微量空气和水组成的包裹体，可以揭示地球外部圈层（大气和海洋）的近期演化。

但是关于更久远过去（40 亿年前或是更早）的确凿信息几乎已不复存在，而这段时间对于理解地球的形成和生命的起源至关重要。冥古宙时期的整个矿物库存仅限于一些沙子大小的矿物颗粒，地球早期的大气和海洋都没有任何遗存。我们必须借助地球化学理论和其他一些推论来进行必要的数学猜测。即便如此，地球早期的状态仍然几乎未知，也许根本就不可知。

深部是获取认知的第二个障碍。地球上最深的矿井不超过 2 英里（3.2 千米），钻探最深也达不到 10 英里（16 千米）。我们之所以能获得对深部区域的惊鸿一瞥，要感谢火山喷出的来自地幔的大块岩石和矿物（包括金刚石），其中有些可能来自地下 500 多英里（超过 800 千米）的深处。这些来自深部的岩石和矿物标本暗示了地幔、地壳、海洋和大气之间碳循环的性质和范围。但地球的半径有大约 4 000 英里（6 400 千米），大部分深部区域遥不可及，对这些区域的勘探超出了任何采样技术的能力。

当然，我们可以收集到一些地球深部的线索。地震波为我们提供了深部岩石的密度、成分以及它们熔融和移动的信息。地磁场反映了动态的熔融外核，而合成岩石和矿物的模拟实验再现了从深部一直延伸到地心的一系列极端温压条件。

可以想象，随着技术的发展，越来越多现在看似不可知的问题可能会在未来被解决。我最喜欢的未来工具是"中微子吸收光谱"，它基于来自太阳的天文数字的亚原子粒子。大多数太阳中微子直接穿过地球，但理论学家推测，特定能量的中微子可能会被不同的化学元素选择性吸收。我们现在还不能测量中微子的能量，如果这一技术未来能够突破，那么我们或许能够生成一个地球内部的详细的三维图像，就像为地球做了一次 CT（计算机断层扫描术）。

除了时空的物理屏障，奥苏贝尔还指出了探索未知的第三个障碍，那就是理解地球历史上发生的偶然性破坏事件。演化中的系统会经历突发性的、破坏性的事件，这些事件会不可逆转地将过去与未来清晰地分开。当地球只有大约 5 000 万年历史时，忒伊亚引发的大撞击事件导致月球形成，数亿年后生命形成，近期人类技术兴起，它们似乎都是这样的奇点。其他尚未被注意到的临界点，可能已经在过去改变了地球的命运，在未来可能还会再次导致地球走上未知的路径。这种"分岔点"本质上难以被准确预测，但它们可能是人类面临的最紧迫的危险。

——

在奥苏贝尔提出的探索地球未知领域面临的几个阻碍中，上述深时、深部和偶然性破坏事件是我们的行星家园固有的 3 个物理属性，其他同样令人生畏的阻碍涉及科学社会学和人性。我们所了解的科学是有限的，因为我们人类感知世界的方式是有限的。

目光狭隘让我们重重受挫，我们的思想容易被偏见和盲目所蒙蔽。也许现在你已经注意到了我是一名矿物学家，我几乎知道地球历史的任何方面，比如火山、地球深部、生命的起源，甚至是大爆炸，但这些都是我从带有局限性的矿物学角度获得的认识。

无论从事科学研究还是其他工作，在理解复杂和混沌的过程中，我们常常会用错误但易于理解的比喻来认识世界。板块上的大陆并不会真正"碰撞"，寒武纪时期生命的多样性并未"爆发"，不断演化的生物圈不完全是"适者生存"。这些其实都是对时间和空间的简化，是将极其复杂的物理、化学和生物过程简化为符合日常经验的误导性说法。

比处理个人偏见更大的挑战，是整合认知。地球、太空、生命，无论哪个科学领域都需要一个宏大的集成视角。物理学、化学、地质学、生物学，这些学科几乎影响着所有对人类具有重要意义的科学命题。想一下最具新闻价值的问题：持续恶化的环境，不断减少的矿产资源，传播加剧的传染病，变化的气候，增加的能源需求，危险的核废料，缺水和缺粮的人口。这些问题的解决都需要复杂的、跨学科的规划，需要以全面的科学证据为基础，考虑无数的政治、经济、道德和宗教限制因素。

碳科学就是这样，它需要融合各个研究分支的概念和原理，如何将所有这些认知整合于一体正是困难所在。因此，当我们试图寻找认知的局限性、试图弄清不可知事物的本质时，或许我们应该把自身的局限性放在首位。

第三乐章

火之运动：材料中的碳

大气和地球的碳含量都十分丰富，它们各自扮演着自己独特的角色，将我们的生活从上到下联系在一起。

要想建设城市、驾驶汽车、耕种土地、烹调食物和制造各种生活必需品，我们必须有能源。

因此，物质之碳还有其他作用。

火是能源的代表，是工商业流通的货币。

火（能量）驱动我们的卡车和公共汽车，照亮我们的街道和建筑，为我们的房屋供暖，帮助我们烹饪食物，助力我们组装机器，并为这个贪婪的世界制造大量产品。

含碳化合物点亮了这些火焰。

被精炼厂的火加工过的碳，几乎为一切事物提供了原始要素。

前奏曲
物质世界

仅有地球和大气是不够的，人类社会需要大量各种各样的物质：食物和衣服、房屋和工厂、汽车和飞机、电视和智能手机。我们想要各种东西，而不仅仅是必需品，比如实用的运动装备、醇美的酒、舒适的椅子、有弹性的保险杠、柔软的内衣、耐用的电脑、美味的纸杯蛋糕、结实的背包、轻便的跑鞋、彩色的气球、偏光太阳镜、蓬松的枕头和坚实的床垫。挑剔的消费者追求新奇产品，比如新型的魔术贴、创可贴、便利贴、强力胶、润滑剂、润唇膏、特氟龙、小熊软糖。所有这些产品都离不开充满创造性的碳化学。

为了制造东西，你需要原子以各种三维方式组合：厚实的块体、柔韧的薄片、精致的细丝和分支的阵列。你需要各种大小和形状的分子：原子链、原子环、原子的实心块和原子的空心圆柱体。我们的社会需要一切可以想象的有用物质，这些物质的特点不一：丝滑、有弹性、透明、气味芳香、吸收性好、色彩丰富、绝缘、耐磨、防水、不透明、黏性大、可生物降解、防紫外线、辛辣、磁性、易燃、致密、易碎，以及导热和导电、甜而咸、软而安全。

不断扩大的社会需求和欲望也加大了对原子结构多样化的需求。每种材料都必须经过精心设计，要根据其在原子尺度上的特殊作用进行定制，因为化学这门学科的一个基本原理便是任何材料的特性都取决于它的原子，或者说取决于元素的集合以及它们是如何组合在一起的。

没有哪一种化学元素能比碳更"擅长"与其他原子结合，碳所参与的化学过程如此丰富，以至于那些毕生研究碳的科学家有了一个特殊的称谓——有机化学家。随着全世界研究碳的科研人员超过 100 万人，有机化学家的数量远远超过所有其他领域的化学家。

电子规则

规则，尤其是基于数字的规则，通常看起来很武断，体育运动就是一个很好的例子。曾经有一段时间（我们要回溯到 19 世纪 80 年代），美式足球的射门得分为 5 分，而触地得分仅为 4 分。[1] 1897 年，触地得分提高到 5 分；射门得分则在 1904 年减少到 4 分，然后又在 1909 年减少到为人熟知的 3 分。1912 年，触地得分再次被修改为现在的 6 分。在过去的 1 个世纪里，安防得分、达阵后加分和两分转换的规定也经历了类似的转变。从历史角度来看，足球计分规则似乎有点异想天开和朝令夕改，因此难免会在未来再次进行调整。

化学也是一种类似的游戏，其中的玩家是原子，它们跳起古老的化学键之舞，而电子则决定分数。更简单地说：如果你最终得到 2、10、

18 或 36 个电子，那么你就是原子中的赢家。为什么是这些数字呢？它们也是被随机挑选的吗？在和我们平行的宇宙中，它们是否会发生变化？物理学家对这些"魔法"数字进行了详尽的解释。其实这只是游戏规则，只不过在这种情况下，规则是建立在宇宙结构当中的。

有些原子天生就很幸运，恰好拥有 2、10、18 或 36 个电子，它们分别是氦、氖、氩和氪。这些特殊的原子终其一生都是自由漂浮的孤独者，被称为孤独的"惰性"气体，因为它们不需要依赖任何其他原子来获得额外的电子数就能成为赢家。其他原子则错过了神奇的数字，例如：第 11 号元素钠有 11 个带正电的质子和 11 个带负电的电子，但它很容易失去 1 个电子，变成带正电的钠离子；氯具有 17 个质子和 17 个电子，很容易从钠中拿走多余的电子，变成带负电荷的氯离子。带正电的钠离子吸引带负电的氯离子，它们混合形成精致、微小、立方体形状的氯化钠晶体。

元素周期表中有大量非金属元素，如氯或氧（拥有 8 个电子，比神奇的数字 10 少 2 个），它们更愿意从钠或镁（拥有 12 个电子）等电子库存过多的金属元素中获取一两个额外的电子。元素周期表中的大多数元素都采用这种策略，要么放弃电子，要么抢购电子，以赢得化学键的结合游戏。这实际上是一件好事。如果所有原子都对它们最初的电子分配心满意足，那么就没有理由重新分配和共享这些电子，自然也就没有办法形成化学键，我们丰富多彩的物质世界将不复存在。

在这个进行着互惠互利的电子交易和友好收购的世界中，碳作为第 6 号元素占有独特的位置，它正好位于神奇的 2 和 10 中间。想象一下，湖面上有一个疲惫的游泳者，他在距两岸等距的湖中心踩水时不知该向哪边游去，碳原子也是一样，它是应该再寻找 4 个电子达成神奇的数字 10 呢？还是应该朝着完全相反的方向前进，放弃 4 个电子形成神奇的数字 2 呢?

这种不确定性使碳具有大多数其他元素所不具备的键合优势。不同于钠那样总是放弃 1 个电子,也不像氯那样在原子结合过程中夺取 1 个额外的电子,碳元素扮演着许多截然不同的化学角色。通过在化学键结合中添加、减去或共享电子,碳形成的化合物种类繁多,远超其他任何一种元素。这就是为什么碳制造出的已知材料的质地既可以最坚硬,也可以最柔软;颜色既可以是五颜六色,也可以是最纯粹的黑色;既可以制造出最滑的润滑剂,也可以制作出最黏的胶水。

易燃的碳 [2]

我们需要各种物品,但制作它们需要大量的能量。通常情况下,这种能量来自含碳物质燃烧的热量。我们很幸运,因为地球拥有丰富的易燃的含碳物质——富含碳氢化合物的燃料,比如煤、石油和天然气。碳氢化合物是有机化学中最简单的产物,是地球和太空中普遍存在的分子,每个分子都由坚固的碳原子骨架构建,并饰有氢原子的光环。甲烷是最简单的碳氢化合物,其中 4 个氢原子呈金字塔状包围着 1 个碳原子。碳原子贡献了 6 个电子,每个氢原子再增加 1 个电子,总共便是神奇的 10 个电子。

当 2 个碳原子相互连接且四周围绕着多达 6 个氢原子时,新的分子乙烷出现了。在这种简单的易燃分子中,每个碳原子与 4 个相邻的原子共用电子,因此每个碳原子同时拥有 10 个电子,每个氢原子同时拥有 2 个电子。在乙烷中,每个原子都得到了满足。

我们继续构想,当 3 个碳原子相互连接时,它们便构成了丙烷的基本框架。丙烷是北美农村常见的燃料,储存在白色大罐中。在丙烷中,8

个氢原子围绕着 3 个碳原子。

对于 4 个碳原子的情况，一个新问题出现了，这 4 个碳原子可以有 2 种不同的排列方式，它们互为"同分异构体"。当 4 个碳原子排列成较为整齐的一排时，形成燃料丁烷（正丁烷），常用于一次性打火机；而当它们按照 T 形排列时，则形成异丁烷，主要用作日常使用的安全制冷剂。

戊烷由 5 个碳原子和 12 个氢原子组成，它可以形成五碳链、具有一侧支链的四碳链或对称交叉链。辛烷是汽油中一种含有 8 个碳原子的成分，有 18 种具有不同拓扑结构的同分异构体，其中一种同分异构体是汽油辛烷值（octane rating）的基础，它具有 1 条由 5 个碳原子组成的链和 3 条小支链。烛用蜡将这一结构进行了扩充，形成了由 20—40 个碳原子构建的碳氢链——链上的碳原子越多，蜡的熔点也就越高。

有了 5 个或更多碳原子，新的组合机会就会出现：碳原子可以环绕成一系列优雅的环状分子。[3] 苯曾经被用作工业清洁剂，但现在被认为是一种危险的致癌物，其特征是拥有一个由 6 个碳原子构成的六元环，环上连接的 6 个氢原子像车轮的辐条一样向外辐射。有时碳环会嵌套在一起，这种形状可见于大多数黑色烟尘颗粒。萘是最常见的"多环"烃，其中 2 个环相互配对；蒽是炭火和柴油烟雾中的一种常见成分，由 3 个六边形环相连而成，3 个环的中心在一条直线上；芘是另一种烟灰成分，由 4 个六边形环紧密相连。

有时分子采用复杂的结构，通过链、分支和环的方式进行特殊的组合，从类固醇、维生素到遗传分子 DNA 和 RNA 的构建模块，许多生物体中的重要分子都展示了这些结构。这些碳基分子可以变得越来越大，包含几十个五元环和六元环，以链、环和簇的形式连接在一起。事实上，碳氢化合物分子的种类无穷无尽，并且大多数都可燃。

石油和天然气都主要由碳氢化合物组成，这些"化石燃料"已经改变了社会，无论好坏，它们仍然是我们人类既便宜又丰富的化学能来源。而在地球以外的许多世界中并非如此，在那里碳氢化合物分子会成为一种糟糕的燃料。土卫六"泰坦"巨大而寒冷，烃雨以大风暴的形式冲击着那里的地表。[4] 泰坦的河流中流淌着甲烷和乙烷，巨大的湖泊里也充满这些物质。你可以在泰坦的甲烷湖上航行，但如果你能在泰坦上点燃一根火柴（实际上你做不到，因为没有氧气来触发火焰），什么都不会发生。泰坦的大气中缺乏化学氧化剂，烃雨会轻易熄灭任何火焰。

地球与其他行星的本质区别之一就是地球大气富含氧气。氧气是光合作用的副产品，具有一定的危险性，因为氧是一种非常渴望电子的元素。不像太阳系中任何其他行星或卫星，在地球上，特别是在充满天然气等挥发性碳氢化合物的区域，点燃一根火柴可能会产生极其危险的后果。在激烈的、爆炸性的氧化还原反应中，碳氢化合物分子快速释放电子，与氧气反应生成两种人们熟悉的简单化学物质——二氧化碳和水，同时产生大量的光和热。火是"好仆人"，也是"坏主人"。几千年来，人类一直生活在火焰带来的好处中，同时也无时无刻不处在火焰带来的危险中。

热量是制造新材料的关键，而化石燃料是热量的重要来源之一。大多数碳氢燃料在高温下燃烧，炉子上的天然气以及打火机中的丁烷燃烧时接近 2 000 摄氏度，相比之下，庆祝感恩节时烘烤火鸡的温度仅为大约 200 摄氏度。一些特殊的工作任务，例如金属焊接和切割，需要用到氧乙炔喷枪产生的超过 3 000 摄氏度的高温火焰。然而，在开采富含碳的化石燃料以创造多样化的物质世界时，燃烧并不总是它们最实用的使用途径，煤、石油、焦油砂和天然气还有更多的用处，它们是我们生活中很多材料的原材料。

多样的碳

在广阔的有机化学王国中，碳氢化合物仅是一个很小的领域。地球制造了数百万种不同种类的富碳分子，但是究竟是什么驱动了这种丰富性的形成？答案是碳与元素周期表中数十种不同化学元素（包括它本身）结合的特殊能力。你体内的大多数含碳化合物都含有氧，此外，氮、硫和磷也是生命重要的组分。碳很容易与氟、氯等非金属元素结合，也容易与铁、钛、钨等金属元素结合，由此形成的硬质合金常应用在机器零件和磨料中。

碳氢化合物是现代工业的基本原材料，由此生产出的碳基化学品为现代工业奠定了基础。如今我们意识到，我们最终必须停止燃烧煤和石油。一方面，就环境问题而言，人们的确在担忧化石燃料的使用会对环境造成破坏；另一方面，煤和石油中的碳－碳键通过加工会变成非常有价值的资源，因此这些燃料不能仅仅用于燃烧。这些无处不在的碳－碳键是我们物质世界最基本的化学特征，它们构建了我们生活中消费的几乎所有产品的核心。地球为我们提供了许多替代能源，比如充足的阳光、无尽的风能、可再生的生物燃料、波涛汹涌的海浪、取之不尽的地热能以及放射性铀发生核反应时释放的核能。相比之下，碳基"燃料"是我们蓬勃发展的物质世界中必不可少的原材料代表。

谐谑曲

有用的材料

炽热的碳

火是提炼煤和石油的关键。煤和石油是埋藏于地下的生命残骸经由受热、压缩而形成的无数不同分子的混合物，[5] 其中既包含常见的碳氢化合物，也包含由多个碳原子与氧、氮、硫及其他元素结合而成的复杂大分子。

提炼的秘诀是将这些又臭又黑的混合物放在一个高高的分节圆筒里加热，圆筒的底部比顶部热得多。每次乘车经过化工厂时，你都会看到这些独特的"蒸馏塔"，一排排金属管高耸在那里。有时塔顶处会燃烧掉少量甲烷，化工工程师认为这一步所产生的天然气过于稀薄，没有回收利用价值。

每座塔在化学分离过程中都要执行多个步骤。当混合物在蒸馏塔中加热时，各种分子会先后达到自己的沸点。蒸馏塔的管道系统非常复杂，分了很多层，每层管道过滤和收集不同的产物，从而达到分阶段蒸馏的效果。较小的分子通常在较低的温度下达到沸点，因此丙烷和丁烷从蒸馏塔较高的位置流出，汽油和煤油从中间位置流出，黏稠的沥青和蜡从较热的底部流出。精炼厂将蒸馏塔连接起来，编排了一场精细的化学舞蹈，其中的每个单元都有自己的任务，它们共同努力完成了关键有机化学品的筛选和浓缩。

一旦这些不同的碳基分子完成蒸馏和纯化，我们就可以选择各种各样的化学技巧来合成新化合物。比如，可以在大桶中混合各种化学物质，对它们进行搅拌、挤压，然后加入合适的活性成分，也许再加入少量的催化剂，使混合物在合适的温度下进行反应，进而得到新的化合物。不同的"烹饪"方法会合成不同的产品，包括现代生活中最重要的一些聚合物材料，如 PET（聚对苯二甲酸乙二酯）和 PVC（聚氯乙烯）塑料、尼龙（一种合成纤维）、人造丝、油漆、胶水、橡胶，还有数百种在日常生活中广泛应用的其他化学品。

所有这些材料都有一个共同特点，那就是无数小分子首尾相接，形成带有碳骨架的长链。生物体也学会了这些化学技巧，比如组成人体皮肤、头发、肌肉、肌腱和韧带的生物大分子，叶子和茎、根和木头、藻类细丝和蜘蛛丝亦是如此。巧妙的化学操作还可以产生无数碳基化合物，例如蜡和树脂、脂肪和油、润滑剂和胶水、化妆品和药品。

检查一下你喜欢的零食上的营养标签，你会发现它们都富含碳基分子：氨基酸是蛋白质的组成部分，脂质广泛存在于许多零食中，糖、淀粉和膳食纤维都是碳水化合物，就连苏打水中的气泡和酒水中的酒精都含有碳。

接下来让我们探讨一下含碳化合物都有哪些特性，这些特性又是怎样令其在日常生活中变得越发不可或缺。

制冷的碳

碳化学可以为我们带来最炽热的火焰，同时也能够提供最有效的便携式制冷源。二氧化碳在大约零下 80 摄氏度时会冻结成无色固体，俗称干冰。这种冰之所以被称作干冰，是因为它具有从固体直接升华到气体的特性，我们可以把它做成方便携带的"冰块"。

干冰有很多日常用途，最常见于食品工业。在没有冰箱的帮助时，你可以利用干冰冷藏食物、冰镇碳酸饮料、制作冰淇淋和运送易腐烂的货物。干冰也被巧妙地用于控制虫害，因为二氧化碳可以吸引蚊虫，它们聚集到干冰周围时会被冻死。管道工使用便携包装式干冰包裹铜管，从而能够在没有关闭阀门时形成冰塞；医生可以用干冰冷冻并去除疣体；环境工程师用干冰冻结并清理泄漏的石油；消防员使用干冰颗粒和二氧化碳灭火器，可以迅速使火焰冷却并"窒息"。

干冰在舞台上也扮演着特殊的角色——造雾。将干冰倒入水中，会产生紧贴地面的浓雾，非常适合营造诡异的夜间效果。观众感受不到这种雾有多寒冷、多潮湿，由于温度低，升华的二氧化碳降低露点（dew point），使密度较大的冷空气充满水蒸气。我记得在一次小规模乐队演出中，投放的干冰反应过度，产生了大量的雾气，雾气从舞台的边缘溢出并迅速填满乐池。中间有一段时间，我们简直就像是在失明的情况下演奏。潮湿的空气包围着我们，地板上、椅子上、乐谱架上，还有乐器上，所有的东西表面都留下一层湿滑的涂层。

黏性的碳

材料的特性取决于构成它们的原子以及原子间的结合方式。以胶水为例，优质的黏合剂几乎可以黏附在所有东西上。对大部分材料来说，"黏"在原子尺度上就是正电荷和负电荷之间强烈的吸引力。胶水分子必须具有非常强的表面电荷，这依赖于与碳原子结合的羟基（—OH）的强负电荷。当碳基分子具有多个向外突出的羟基时，它们几乎可以在任何物体表面吸引等量的正电荷。正负相吸，分子就这样黏合在了一起。

因为基于碳链的黏合剂的存在，大自然充满黏性。[6] 壁虎在墙壁上来去自如，源自它脚掌中无数的羟基；捕蝇草可以分泌含大量羟基的黏液来诱捕昆虫；贻贝和藤壶以类似的方式附着在船体上，每年给航运公司增加一笔额外的清洁费用，更别提因此而延长在港口的停留时间所造成的损失了。商家每年都会推出新的针对船舶的不粘涂料，但是由于分子结构的限制，这些静电永远也无法被完全消除。

黏性具有巨大的商业价值，黏合剂行业每年创造数十亿美元的市场价值，客户遍布各行各业，包括飞机和汽车制造商、建筑公司、在线零售商和医疗专业人士。现在高新技术开发的胶水和密封剂取代了金属焊接，加快施工速度的同时也减轻了质量，它们固定着摩天大楼的玻璃和汽车的挡风玻璃。每个人都离不开黏合剂，在一次性尿布、假牙、创可贴、助听器、邮票、信封和便利贴等产品里，从包装生日礼物到黏合破裂的家具，日常生活中处处可见它的踪迹。

强力胶是黏合剂世界奇特本质的缩影，[7] 它是有机化学家小哈利·库弗（Harry Coover Jr.）和古德里奇公司的一组研究人员偶然发现的一种碳基小分子，名为氰基丙烯酸酯。1942 年，为了战争，他们想开发一种透明的塑料瞄准器，在此过程中创造的新化合物氰基丙烯酸酯能粘住它接触到的任何东西，但并不符合预期用途，因此很快便被放弃使用。

时间快进到 1951 年，库弗去了伊士曼柯达公司（Eastman Kodak，简称柯达公司），与化学家弗雷德·乔伊纳（Fred Joyner）展开合作，他们意识到具有超黏性的氰基丙烯酸酯可能会是一种很有价值的黏合剂。柯达公司支持了他们的这个想法。1958 年，世界上第一款强力胶诞生了，以"Eastman 910"（伊士曼 910）为名上市销售。许多类似的竞争品牌迅速出现，但所有这些变种都是基于氰基丙烯酸酯的特性，即该物质在密封的容器中会保持液态，而在暴露于水或较湿的大气中时会牢牢地结合在一起。

无毒强力胶能黏合多种不同类型的物质，能在不同环境中固化，除了我们所熟悉的用处，如修复破裂的物体或组装零件，人们还发现了其他数十种新的用处。海洋生物学家和水族馆爱好者用强力胶将活珊瑚碎片粘在岩石上。强力胶蒸气可以黏着在光滑表面的油性残留物上，获取精细的指纹以供法医分析。强力胶也已经成为应用于皮肤和骨骼的常用黏合剂，用来为运动员、攀岩者和弦乐演奏者强化和修复老茧。医生和兽医用强力胶修复骨头和闭合伤口，特别是在紧急情况下，胶合比传统缝合或纤维包扎更快、更安全。

光滑的碳

与胶水不同的是，光滑的分子可以最大限度地减少表面电荷。由于缺乏静电吸引力，这些分子就像未煮熟的米粒一样简单地流动。蜡、润滑油和食用油能形成光滑的表面，因为它们是由碳氢化合物分子所形成的，其中的碳原子被氢原子包围。碳氢化合物分子中的每个原子都完全满足神奇的电子数，油中的任何原子都不用寻找其他原子进行结合。

每个人都遇到过倒霉的事情，不好的瞬间出现后便不可逆转。我清楚地记得在我以前的音乐生活中发生的一件事情。1975 年 2 月，在马萨诸塞州剑桥市的桑德斯剧院，我们正在对哈佛大学作曲教授厄尔·金（Earl Kim）的新室内乐作品《啊，乔》（Eh, Joe）进行第 3 次或第 4 次排练。这首曲子演奏起来难度很大，因为其中有 3 个铜管部分和 3 个弦乐部分（试着平衡下这些乐器！），还有一位演讲者必须掌握塞缪尔·贝克特（Samuel Beckett）的叙事诗。为了这个 20 分钟的作品，我们整整排练了 12 个小时。我们围成一个半圆形，小号手肯·普利格（Ken Pullig）和长号手斯坦·舒尔茨（Stan Schultz）在我的左边，年轻的大学生大提琴演奏家马友友在我的右边，指挥家金和演讲者洛伊丝·史密斯（Lois Smith）在我的前面。事实证明，完成这部音乐作品极具挑战性，随着演出和录音即将到来，排练显得漫长而且气氛紧张。

在舞台上排练了 1 小时后，我们正在处理一个棘手的合奏段落（这可能是第 5 次或第 6 次了），突然我的右侧响起震耳欲聋的撞击声。我们所有人都停止了演奏，但对发生了什么一片茫然。

后来我们看到一个 16 英寸（41 厘米）长的金属扳手，它是从照明技术员手中滑落下来的。他一直在我们上方的小通道里（一个尴尬的位置）调整筒灯，大扳手的沉重和满手的汗渍共同引发了这起意外。

巨大的扳手落在马友友右侧 6 英寸（15 厘米）的地方，我们感到非常震惊，这场致命的意外让我们无法再集中注意力，剩下的排练也都被取消了。这件事提醒了我们死亡的必然性和不可预测性，这一糟糕的时刻不可逆转。当我们离开舞台时，贝克特的宿命诗在我们的脑海中回响。

马友友显然被惊呆了，他用颤抖的声音轻声说道："它差点砸到我的大提琴！"

三重奏

纳米材料

新奇的碳

无穷无尽的变化和转换是碳化学的重要特点。以石墨为例，微小的三角形结构形成超强的扁平原子片，单独的原子层几乎坚不可摧，就像薄而坚韧的塑料片，但相邻层之间的作用力非常弱，容易被破坏。因此，石墨层之间容易相互滑动，就像堆放在桌子上的纸可以被微风吹散一样。

如果说石墨是已知最柔软的材料之一，那么它的特殊单片就应该是已知最坚韧和最有弹性的材料之一。但是单片碳原子有什么用呢？如何获取和研究这种纳米材料呢？早在还没有样品可供科学家们在实验室里研究之前，他们就已经预测了一种具有独特电子和机械特性的神秘物质，它就是石墨烯。石墨烯能成为一种半导体吗？它是否拥有不同寻常的磁性？它能为纳米工程提供超强材料吗？直到 2004 年，曼彻斯特大学的物理学家安德烈·海姆（Andre Geim）和康斯坦丁·诺沃肖洛夫（Konstantin Novoselov）才在石墨烯研究上取得突破，并因此共同获得 2010 年诺贝尔物理学奖。他们是用什么高科技方法从石墨中成功分离出石墨烯的？是透明胶带！ [8]

现在，任何人都可以分离和研究石墨烯。从一块漂亮的扁平石墨晶体开始，将一片透明胶带贴在平坦的表面，然后撕下即可。通常，不止 1 层石墨层会脱落，但重复使用胶带就可以解决这个问题了，最终会剩下一张原子片。溶解掉黏合剂后，你就可以得到一片完全平坦的单碳层。

近些年该领域涌现了大量成果——每年都会有超过 1 万篇相关论文发表，并且数量仍在快速增长，这为一系列革命性技术带来了希望。[9] 石墨烯层透明且坚固，因此可以在纳米级设备中充当微窗口，作为复合材料参与人造皮肤和骨骼工程，还可以用来制造新一代超薄避孕套。石墨烯层不溶于水，因此可以很好地保护易溶于水或容易腐蚀的设备表面。不过值得注意的是，因为水分子可以通过石墨烯上的小孔相互作用，水仍然可以"润湿"有涂层的物体表面。因此，石墨烯可以保护各类不同的传感器，比如水质传感器、湿度传感器和生物传感器。

石墨烯能否应用到电子领域是个有趣的问题。半导体控制电子，改变它们的流速，将它们从一条路径切换到另一条路径。在电子化时代，我们完全依赖于含有大量硅半导体的电子设备，二极管、晶体管和集成电路的应用随处可见。现在石墨烯正在挑战硅的统治地位，于 2004 年出现的第一个石墨烯晶体管被认为将成为电子时代的主力，随后得到快速发展。2008 年，德国的一个研究团队制造出了只有 10 个原子宽的石墨烯，这是迄今为止最小的石墨烯，接近理论极限。各种新型集成电路层出不穷，比如开关速度比硅晶体管更快的微型晶体管。更重要的是，这些器件可以用3D打印技术制造，具有较高的灵活度，而且可以在水下操作。一些支持者预测，石墨烯可能很快会在许多应用中取代传统的硅半导体。

新的想法不断涌现。石墨烯是目前导热系数最高的材料，可以应用在必须冷却电路的各种设备中。石墨烯的透明性和导电性，可能使它成为柔性触摸屏和显示器的理想选择。还有很多方面的应用正在开发当中，比如燃料电池、蓄电池、高科技镜头、压力传感器和水过滤器等。新的石墨烯变种由2层或3层碳片堆叠而成，或者与其他层状材料交织成三明治结构，其特殊性能为新发现提供了更多机会。现在有一个研究小组甚至正在开发以石墨烯为基础的染发剂，可以让你的头发在炎热的夏季保持凉爽。[10]

空心的碳

也许石墨烯最显著的特点是它那惊人的抗拉强度。材料的强度主要可分为3种：抗压强度，指材料抵抗压缩载荷而不失效的最大压应力；抗剪强度，指材料抵抗剪切载荷而不失效的最大剪切应力；抗拉强度，指材料拉伸断裂前能够承受的最大拉应力。一些材料，例如砖或木材，在被压缩时很坚固，但在受扭曲或拉动时就很脆弱。其他一些材料如钢链或尼龙绳，在被拉伸时很坚韧，但在压力或剪切力作用下强度非常弱小。一些日常中所用复合材料，通过结合2种或多种材料的特性，可以增强抗压、抗剪及抗拉这3种强度，如钢筋混凝土、玻璃纤维和胶合板。

石墨烯板经不起扭曲，被挤压时容易折叠，但在拉力下，石墨烯的强度是无与伦比的，它的抗拉强度是最强的钢丝的100倍，是金刚石的2倍，石墨烯的这个极端特征源于它的碳－碳键。金刚石的每个碳原子都与 4 个相邻的碳原子共享电子，是已知最强的三维晶体。我们知道化学键的关键在于电子，金刚石中的碳原子排列紧密，使其成为地表电子密度最高的物质。金刚石中相邻碳原子之间的距离只有约十亿分之六英寸（1.5×10^{-10} 米），这比其他大多数晶体小得多，这也是为什么金刚石是如此坚不可摧。而在石墨烯层中，碳与碳之间的距离更短，仅有十亿分之五点五英寸（1.4×10^{-10} 米），因为每个碳原子只与相邻的 3 个碳原子共享 4 个键合电子，层内的电子更紧密地排列在一起，由此产生的碳 - 碳键比金刚石中的键更短更强。

石墨烯卓越的抗拉强度为碳纳米工程提供了一种极佳的路径。直接用层叠的石墨烯板做成的线和绳子会很糟糕，但是如果将它卷曲制成一个小小的空心圆柱体会怎样呢？答案是你会获得一种非常坚固的碳纳米管。[11] 由此还可以开发很多其他变体，比如异径管、单管、双管和由多个同心圆柱体组成的嵌套管。

人们开始了解并研究碳纤维的时间，至少可以追溯到 20 世纪 50 年代，但直到 1991 年该领域的研究才出现了爆发式增长。当时，日本物理学家饭岛澄男（Sumio Iijima）发现了碳纳米管，他让强电流从石墨中通过，从而生产了大量碳纳米管。饭岛澄男为推动纳米科技的发展做出了巨大的贡献，基于他的研究成果，已有超过 10 万篇论文发表，1 万多项专利获批。

中空的碳纳米管的强度是惊人的，一根直径只有二十分之一英寸（1.3 毫米）的细线可以承载超过 10 吨的质量——设计轻型桥梁、建筑、飞机和新一代复合材料的工程潜力巨大。科幻小说家欣然接受了这一概念，提出太空电梯可以通过碳纳米管将人员和物资运送到距地表数百英里的固定轨道平台上。碳纳米管对人们的吸引力比它本身的强度还要强得多，全世界有一大批科学家在从事相关应用研究，尤其是制造业、能源供应、电子和医学等领域。

灵巧的碳 [12]

单层石墨烯和纳米管的发现表明，碳可能还有其他的存在形式。封闭纳米管的两端，你便可以制作出各种有趣的形式，包括足球形的由 60 个碳原子组成的"巴基球"分子（又名足球烯，化学式 C_{60}），以及拥有 70 个或更多碳原子的足球形分子。这些美妙的碳的存在形式被统称为"富勒烯"，这是为了纪念美国建筑学家巴克敏斯特·富勒（Buckminster Fuller），他曾设计过具有与富勒烯几何形状相似的球形穹顶建筑。

事实上，半个多世纪前就有科学家预测了富勒烯的存在，不过直到 1985 年，英格兰萨塞克斯大学和得克萨斯州赖斯大学的科学家才找到了可重复制造富勒烯的方法，[13] 这是一项荣获诺贝尔奖的发现。在此之后，科学家们在蜡烛烟灰、森林火灾产生的烟雾、闪电甚至遥远的含碳恒星周围的宇宙尘埃中都发现了富勒烯。对这些笼状分子进行深入研究之后，科学家们发现了更多新形式：大笼套小笼的纳米洋葱形状，由碳链连接 2 个巴基球的哑铃形状，还有包裹很多较小原子或分子的碳容器形状。

上述单层石墨烯、空心纳米管和封闭富勒烯都是碳的基本存在形式，它们只是猜想更多奇异形状的开始。纳米树芽看起来像纳米管或更大的富勒烯上的小圆突起；纳米管可以在纳米结中以直角进行相互连接，或者它们可以从纳米柱中的石墨烯层上垂直突出；巴基球可以像豆荚中的豌豆一样填充纳米管，同心嵌套的纳米管可以像伞柄一样伸缩，我们甚至可以假设纳米管绕着一个圆弯曲，形成一个完美的甜甜圈形状的分子环。

有了这一系列的形状，科学家和发明家们设计新一代分子机器的梦想便有望实现，例如纳米级的杠杆、滑轮、车轮和车轴。[14] 随着碳纳米技术的进步，下一代植入式医疗设备、输送药物的微型容器和分子级计算机所需的原子级马达、电路和电子元件似乎触手可及。

返始谐谑曲

史话

"塑料！"

这是迈克·尼科尔斯（Mike Nichols）于 1967 年导演的电影《毕业生》（*The Graduate*）中，麦圭尔（McGuire）先生对达斯汀·霍夫曼（Dustin Hoffman）扮演的本（Ben）所说的"一句台词"，本在电影中是一个对自己的未来十分迷茫的人。

"你到底是什么意思？"本问道。

"塑料业的前景一定很好。考虑一下吧。你会考虑吗？"

那是一个令人难忘的、有趣的、又毫无头绪的场景，其中包含着一个核心事实，即塑料或"聚合物"已经改变了世界。聚合是一种化学反应，许多小分子（或者说单体）连接成链或网络，形成"大分子"，而一个由数千个原子组成的扩展分子，几乎总是以碳原子为骨架。几乎所有生物都含有天然聚合物，比如木头、头发、肌肉、蜘蛛丝、皮肤、树叶、肌腱等等。聚合物在生物学中无处不在，而化学家在效仿和改进自然方面的进展非常缓慢。

天然橡胶是化学家仔细观察的首批聚合物之一，2 000 多年前便在中美洲文化中出现。[15] 天然橡胶来自橡胶树奇特的乳胶液，它既可以硬化成柔性防水材料，也可以模制成片、球和其他有用的物体。然而，直接从大自然中收集的未经加工的橡胶可没那么好用，它又黏又臭，温度高时会变稀，温度低时会变脆开裂。橡胶聚合物的结构决定了其各种性能的优劣。长而牢固的碳链彼此之间可以相互滑动，提供强度和柔韧度，不过只能在很小的温度范围内进行。

致力于聚合物（包括种类繁多且不断增长的塑料材料）领域的现代工业，始于 19 世纪 30 年代硫化技术的出现，互为竞争对手的美国化学家和英国化学家均认为这是一项革命性的技术。硫化是一种化学过程，通过将硫黄及其他化学物质添加到聚合物中，使之形成牢固的交联键（分子的交叉支撑），从而产生更坚硬、更耐用的材料，处理后的材料气味也更小。就橡胶而言，向树胶黏液中添加硫黄并加热固化混合物的过程，极大改进了我们今天使用的诸多产品，包括手套、胶鞋、铅笔擦、软管、橡皮筋、派对用气球、充气船，当然还有各种轮式车辆的轮胎。更多的添加剂会产生更硬的橡胶品种，这些品种用于橄榄球头盔、滑板轮、保龄球和单簧管。

在第一次世界大战后动荡的几年里，化学界发生了重要转变，化学家们开始更多地考虑原子尺度的材料，同时也着眼于分子结构。1920 年，德国化学家赫尔曼·施陶丁格（Hermann Staudinger）揭示了聚合物的本质是由碳原子骨架支撑的巨大分子链，几十年后他因此获得诺贝尔化学奖。[16] 施陶丁格识别出了大量天然生物聚合物，包括橡胶、蛋白质、淀粉和纤维素，证明了大分子物质普遍存在。他还预测，有朝一日人类会开发出可与天然材料相媲美的合成聚合物。

　　尽管施陶丁格贡献巨大，对未来的预测也十分准确，但初涉合成材料领域的化学家还是频频受阻。在 20 世纪 20 年代中期，研究人员很难创造出长度超过几十个单体长度的大分子，这个长度对任何用途来说都太短了。不过探索过程中的确出现了一些新奇的事物。比利时裔美国化学家利奥·贝克兰德（Leo Baekeland）曾对常见化学物质苯酚和甲醛进行混合加热，从而合成了紫胶（虫胶）——在此之前，紫胶几乎全部提取自亚洲紫胶甲虫的排泄物。[17]

　　1907 年，贝克兰德改进了他的合成方法，制取了一种特别耐热的塑料，它被称为"电木"（酚醛树脂）。这种材料用途广泛，包括生产色彩丰富且极具收藏价值的厨具、玩具和珠宝。5 年后，瑞士化学家雅克斯·布兰登伯格（Jacques Brandenberger）取得了新型材料玻璃纸（赛璐玢）的专利，这是一种由树木和其他植物的纤维素重组而成的柔性防水薄膜。惠特曼糖果公司选择用玻璃纸包裹巧克力，在商业上大获成功。然而，聚合物化学的基础研究一度停滞不前，直到 20 世纪 30 年代，该领域才涌现出大量改变世界的新型材料。

聚合（强）

软塑料

　　在化学研究充满乐观主义、发现不断涌现的氛围下，才华横溢的年轻化学家华莱士·卡罗瑟斯（Wallace Carothers）留下了自己的时代印记。[18]凭借伊利诺伊大学的博士学位和在哈佛大学执教 1 年的经历，卡罗瑟斯获得了位于特拉华州威明顿市的化学巨头杜邦公司的研究岗位。

杜邦公司深信商业突破来自基础研究，于是在 1928 年聘请了卡罗瑟斯，让他领导一个研究小组，负责在聚合物化学领域进行"开创性研究"。卡罗瑟斯和他的同事很快取得了进展，于 1930 年创造了一种重要的合成橡胶——氯丁橡胶，它正是我们所熟知的弹性护膝和弹性潜水服的材料。

卡罗瑟斯最重要的突破是 1935 年 2 月发明的尼龙，这是一种可以加热、熔化，然后形成纤维、薄膜或其他各种形状的了不起的聚合物。1938 年，尼龙作为一种新奇的产品推出，被用来制作纪念品牙刷的刷毛，然后在 1939 年纽约世界博览会上，应用在女式长筒袜中。在第二次世界大战期间，尼龙在军事上得到了广泛的应用，特别是作为降落伞中丝绸的替代品。随着应用数量的激增，尼龙为杜邦公司带来了数千亿美元的利润。

然而，卡罗瑟斯没能看到这些成功，抑郁症的折磨、妹妹离世带来的痛苦、个人生活上的失败和化学灵感的减弱，这一切都让他痛不欲生。于是，他在 41 岁生日的 2 天后吞下氰化钾，结束了自己的生命。

卡罗瑟斯是一位一丝不苟的化学家。多年来，他一直将一粒氰化物胶囊系在他的表链上。他非常了解氰化物中毒的后果，氰基（—CN）会阻止细胞和氧气结合。这样一个简单的组合中只包含 1 个碳原子和 1 个氮原子，这两种元素都是生命所必需的。然而，它们通过三键相连时就会带来死亡，因为心脏和中枢神经系统将会关闭。作为一位富有创造力的化学家，卡罗瑟斯将氰化物胶囊与柠檬汁混合在一起服下，因为他清楚这种酸可以加速毒药的作用。

泡沫

在乔治梅森大学，我为本科生开设了一门科学素养课程。课堂上对聚合反应的演示很简单，其中会用到一种安全、廉价的化学工具包，从许多教育用品公司就可以获得。缩聚反应（又称缩合聚合反应，双官能团或多官能团单体之间通过重复的缩合反应生成高分子的反应）是一种常见的化工反应，众多的单体（每一个都是碳基小分子）首尾相连、结合成一个长链状聚合物。在缩聚反应中，每个新化学键的形成都会释放一个小分子——通常是水或二氧化碳。

如果我当时按照以下说明操作，就不会出现后来的问题了。

首先，将两种液体（一种透明液体，一种琥珀色液体）倒入塑料杯中。然后搅拌液体，直到它们充分混合。等待两三分钟，反应会慢慢开始，刚开始会出现一团柔和的黄色泡沫，随着泡沫翻腾到杯子的顶部和侧面，反应开始加速。泡沫会淹没桌子，黏着在它触碰到的任何东西（包括手指）上。泡沫是由缩合反应中释放的二氧化碳分子所催生的。整团黏糊糊的东西逐渐硬化成圆形的、耐用的聚氨酯块，这种材料非常适合作为精密电子产品的贴身包装以及建筑的保温材料（尤其是那些难以触及的裂缝和凹陷区）。

回想起来，将混合液体装进塑料水瓶并拧紧瓶盖真的是一个非常糟糕的主意，尤其是在我以前没有试过的情况下。实验开始时还算顺利，但当泡沫的形成变慢和停止时，我突然意识到塑料瓶中一定有很大的压力，这相当于我在全班同学面前组装了一个小型爆炸装置，而且此时瓶中的压力正在迅速增加。

这太愚蠢了，千万不要在家里尝试。

该怎么办？尽快缓解压力似乎是合乎逻辑的操作，所以我试图去拧开瓶盖。就在这时，砰！瓶盖直接被炸飞，直挺挺地向上撞到天花板，然后弹回到我左侧几英尺的地方。接着便是引人注目的聚氨酯爆炸，压力突然释放，一团黄色的物体垂直喷射 25 英尺（7.6 米），天花板上到处都是。上次我回去查看当时上课的报告厅时，事故的残骸还留在那里。

幸运的是，没有人受伤，尽管前几排的几位学生身上意外沾上了少许黄色泡沫。

错误

蛋白质是一种普遍存在的生物聚合物，由不同种类的氨基酸以肽键相连所成，每个氨基酸都是一个小的碳基分子。蛋白质的结构主要由生物系统内的大约 20 种不同氨基酸按照精确的序列形成，氨基酸按顺序首尾相连，可以形成薄片状（如软骨）、纤维状（如头发和肌腱）或更随机的其他的卷曲状。成百上千个氨基酸分子串联在一起，可以构造出你能想象到的任何大小和形状的蛋白质。

在长度为 147 个氨基酸的蛋白质中，出现一个小错误似乎不会带来多大的差异，比如把第 6 位的谷氨酸换成缬氨酸。[19] 但蛋白质的形状就是一切，每个氨基酸都对蛋白质的形状有或多或少的影响。当错误地组装蛋白质聚合物时，例如用缬氨酸代替红细胞 β 珠蛋白中第 6 位的谷氨酸，红细胞因异型血红蛋白的聚合而变成镰刀形，这便是破坏性血液病——镰状细胞贫血的成因，每 500 名非裔美国人中就会有一人受此影响。畸形红细胞携带的氧气比正常细胞少，而它们相互交错的镰刀形会导致血细胞被困在狭窄的毛细血管中。镰状细胞贫血患者可能会出现一系列虚弱症状，包括贫血、慢性疼痛和中风。

许多遗传病都是由这种点突变引起的，比如囊性纤维化导致大量黏液沉积，引发慢性肺部感染；泰－萨克斯病（Tay-Sachs disease）会破坏脊髓和大脑中的神经细胞；一些突变会引发各种导致色盲的眼部疾病。蛋白质的氨基酸序列中的错误，有些是遗传的，有些与长期接触物理和化学有害物质有关，这些都有可能引起各种癌症。

只要我们活得足够长，我们都会经历这种氨基酸排列错误所带来的影响。

解聚（弱）

可降解

塑料已经成为我们这个材料时代的一个标志性奇迹，塑料的出现使一系列廉价、多功能的产品成为可能，影响着我们日常生活的方方面面。问题是我们制造了大量塑料，而且有太多塑料被随意丢弃。从墨西哥湾沿岸绵长的海岸，到太平洋上面积巨大的漂浮物，塑料垃圾随处可见。在摩洛哥狂风肆虐、气候干燥的撒哈拉沙漠里，杂乱的灌木丛上挂满了塑料袋，数百万吨塑料装点着这片曾经的原始风景。我们该做些什么？

一种受欢迎的策略是为塑料设计"自毁"模式，一旦使用寿命结束，塑料就逐渐分解。[20] 这个想法利用了解聚（depolymerization），这是一种常见的化学反应，在此过程中聚合物的化学键被破坏。当聚合物链或聚合物网络分裂成更小的、不相连的片段时，可溶性分子可以简单地被冲走，回到自然循环。新型塑料正是抓住了这个原理，尤其关注了可被饥饿的微生物分解的特殊聚合物。

在某些情况下，可生物降解的塑料并不适用，毕竟，没有人希望贪婪的微生物是以连着马桶的 PVC 管道为食的。但许多其他一次性塑料产品使用过后就被扔到了一边，包括购物袋、汽水杯、吸管、食品包装、尿布以及上千种日常消耗品。在每年生产的 3 亿多吨塑料中，只有大约 10% 被回收利用，假如那些不能回收的塑料能尽快从陆地或海洋中消失，那实在是再好不过了。具有特殊影响的是新一代淀粉基塑料，在进行堆肥化处理后，它们几个月内就会分解掉。尽管这种材料的降解并不彻底，仍然会留有太多的塑料碎片，但经过深思熟虑的工程设计可以对其进行优化。

解聚的其他实例问题更大，甚至还有危险。尼龙就是一个典型的例子，它长时间暴露在阳光下时就会降解。[21] 这个过程非常缓慢，因为偶尔有紫外线会影响某一个化学键，最终切断逐渐弱化的亿万个聚合物链中的一个。这个变化过程几乎不可察觉，你可能永远不会注意到尼龙绳强度在原子尺度上的变化。菲尔·拉帕波特（Phil Rappaport）很喜欢攀岩，他是哈佛大学的研究生，也是我的同事和朋友。他每次都使用同一根所谓的"幸运绳"，这根绳子在他数年的攀岩生涯里一直经受着阳光的直射。1974 年，在一个阳光明媚的日子，这根幸运绳在威尔士被拉断，拉帕波特也从 35 英尺（10.7 米）高的地方摔了下来。这次没有以前那么幸运，他当场就去世了。

嚼劲十足

去意大利吃一碗意面没什么不好，因为当地的意面确实更地道。[22] 这主要得益于意大利人做意面的独特方式，并且他们会把面条煮到令人愉悦的口感——嚼劲十足，或者说"弹牙"。最好的手工意面由 3 个关键因素所决定。

原料是最好的意面的首要因素。政府规定必须使用 100% 的硬质小麦粉，在美国被称为 semolina（粗粒小麦粉，粗面粉）。这种受欢迎的面粉中蛋白质（面筋）含量高，提供了意面特殊的弹性质地。

第二个关键因素是对面团的精心制作，就像科学见解的获取一样，这一系列的技巧是当地人通过几个世纪的反复试验才掌握的。在水中，面筋会形成三维的蛋白质聚合物网络，当揉制面团时，它会与淀粉（本身便是糖分子的复杂聚合物）颗粒紧密结合。充分的时间至关重要，必须花 20 分钟或更长时间来揉面团，以使粗面粉和冷水最大限度地接触。

接下来，将面团放入压面机中，我们可以选择数百种不同模具中的任何一种，压出自己想要的形状，如小贝壳面（conchiglie）、蝴蝶结面（farfalle）、螺丝面（fusilli）、通心粉（penne）、螺旋面（rotini）等等。老式的青铜模具比特氟龙更受欢迎，因为前者会给意面带来粗糙的表面纹理，利于酱汁附着。最后，与批量生产的意面不同，手工制作的意面要在大约50摄氏度的温和温度下干燥一两天——在这个温度条件下蛋白质聚合物不会分解，同时面筋和淀粉之间会形成牢固的键。由此产生的生意面干而脆，易于包装并运送到各个家庭和餐馆。

烹饪是做出上好意面的第三个关键因素。烹饪时的热量会分解聚合物，在处理硬肉或富含纤维的蔬菜时，这是一件好事。腌制也可以达到同样的效果，通过纯化学手段使食物"软化"（解聚）。但无论是蔬菜、肉类还是意面，都有一个介于硬和软之间的最佳平衡点。当意面被小火煮开时，它通过吸收更多的水变软，面筋和淀粉开始解聚。好的意面需要足够的烹饪时间来达到紧致且嚼劲十足的口感，但千万不要把它煮成糊状。

脆弱（第五交响曲，作品64）

小提琴演奏家弗雷德·舒普（Fred Shoup）是华盛顿特区业余室内乐舞台的常客，有着50多年的"即兴演奏"经验。弗雷德厚重的乐谱库显现出岁月的痕迹，海顿（Haydn）68首弦乐四重奏的演奏副本尤其破烂不堪。在最近一次演奏《百灵鸟》（The Lark）时，弗雷德那磨损发黄的第一小提琴部分（那是一个19世纪中期的版本，用耐用的带灰白色大理石花纹的纸板和红色布脊重新装订）简直是四分五裂。当他在短暂的空隙迅速翻动第一页时，脆化的纸片就像一块薄玻璃那样粉碎。解聚又发生了。

　　这种情况不是弗雷德经历的第一次，也不会是最后一次，他要求暂停一下，然后仔细地将碎片对齐并用透明胶带重新拼接在一起。一些纸屑永远丢失了，本应该是纸的地方留下了有棱角的小洞。不过，这首曲子弗雷德已经演奏了无数次，缺失的部分早已刻在他的记忆里。

　　半个多世纪前，当弗雷德在德国斯图加特购买这四卷厚厚的乐谱（第一小提琴声部、第二小提琴声部、中提琴声部及大提琴声部）时，它们就已经十分老旧了。几十年来，他小心翼翼地用铅笔标明指法符号和弓法（其中很多都被擦掉或重新写过），但这对延长本已脆弱的纸张的寿命并没有什么帮助。对于图书管理员和热衷于收藏手稿与珍本的收藏者来说，百岁纸张的老化是司空见惯的，这是工业时代带来的意想不到的后果，自动化生产的廉价机制纸更容易老化。

　　纸只不过是由无处不在的生物聚合物——纤维素（地球上最丰富的生物分子）黏合、缠绕在一起所形成的"垫子"，纤维素纤维（cellulose fiber）是植物茎、根、叶的主要成分，是由成百上千个葡萄糖分子组成的链型聚合物，每个葡萄糖分子都有 1 个由 6 个碳原子组成的环。纸张的强度取决于它的厚度和纤维素分子的长度。有着超过 150 年历史的工业造纸工艺使用更短的、机械制浆的纤维素纤维，生产出的纸更薄、更弱。大批量生产的纸张在洗涤和装订时使用酸，这会加速纤维素的分解（解聚），从而进一步削弱了纸张性能。所有图书馆中来自 19 世纪和 20 世纪的"低俗"杂志、报纸、漫画和廉价小说都正在化为尘埃。

　　然而，我们很难不把弗雷德的乐谱的衰老过程看作是对我们所有人的隐喻。我们的身体无时无刻不在进行着解聚：老化的皮肤、头发、肌肉和骨骼，都会随着含碳分子链的断裂而变得脆弱。

尾奏

音乐

碳化学渗透在我们生活的方方面面。我们看到和购买的几乎每一件物品，吃下的每一口食物，都含有碳元素。每一项活动都受到碳的影响：工作和运动，沉睡和清醒，出生和死亡。

现在你可能注意到我对音乐有着强烈的热情，为此我要感谢碳。一个交响乐团的每个部分，每种乐器，都演奏着同一首碳之歌。

弦乐器包括小提琴、中提琴、大提琴和贝斯，它们几乎完全由含碳化合物组成：木质琴身、指板、音柱、琴栓和拉弦板，羊肠弦、马鬃尾琴弓和塑制下巴托。还有，琴栓需要涂润滑脂，琴弓需要涂黏松香。

那木管乐器呢？同样如此，双簧管、单簧管和巴松管的主体由木头组成。簧片由竹子制作，接头由软木制成。即使是金属长笛也需要借助润滑油保持光滑，还需要密封皮垫搭配那一排漂亮的按键。

打击乐器充斥着大量碳纤维：鼓槌和小牛皮鼓面、柚木木琴和乌木钢琴键、响板和手鼓、木鱼和克拉维棍、沙槌和马林巴琴、康加鼓和邦戈鼓。

钢琴也不例外：木制框架、毛毡琴槌以及琴弦皮塞，所有这些都隐藏在一个曲线优美的外壳里，表面涂满碳基涂料。曾经每架钢琴的 88 个琴键都用坚固的象牙贴片包裹，这种昂贵的装饰导致每年有数千头大象被屠杀。1 根象牙只够 45 架钢琴使用，象牙被小心翼翼地分割成矩形薄片，然后在阳光下放置数周，以达到令人满意的"白色"琴键色调。今天，人们发明了一种坚韧的象牙色塑料，这是一种无害的合成聚合物，用来代替已禁用的碳基生物材料。

啊！你肯定要说了，那铜管乐器一族呢？当然，小号、长号、大号，它们都不含碳元素。镀银吹口、钢阀、黄铜管、U 形调音装置和喇叭口均由实心金属制成。但是如果不给阀门和滑动装置上润滑油，不到一个礼拜，这些乐器将变成一堆无用的、冷冰冰的金属。

假如没有碳，世界将变得寂静无声。

第四乐章

水之运动：生命中的碳

土、气、火，足以建立一个宏伟的世界，足以营造一个良好的环境，足以组成丰富的物质财富。然而，它们还未包括关键的生命要素——水。碳同样也是构成生命世界的基本元素。

元素周期表制作完毕。恒星爆炸，行星形成，大量化合物——晶体、液体和气体已经被锻造出来。
地球准备好执行它最具创造性的行动，
碳基生命即将诞生。

聚集碳原子，吸收阳光，形成坚硬的富含碳的贝壳，冒险登上陆地，演化和辐射带来了一次又一次的革新。
就这样，生命演化不停地改变地球的碳循环，土、气、火和水也在协同演化。

前奏曲

原始的地球

　　想象一下 45 亿年前的地球，那是一个陌生而荒凉的世界，遭受着太空陨石的轰击，被岩浆和蒸汽灼烧，暴露在年轻太阳那致命的、未经过滤的紫外线里。在如此极端的环境下，任何生命都不可能出现，更不用说生存下来了。尽管原地球的环境如此恶劣，但生命的原材料都已准备就绪。

　　水？准备好了。生物圈依赖水，细胞的质量超过一半是水，几乎所有的生命起源都需要有水的环境。水是生物学的通用溶剂，为细胞的诞生、生长和繁殖提供了环境。

　　能量？准备好了。所有生命形式都需要可靠的能量来源，无论是食物中的化学能还是阳光的辐射能。如果这些能量来源还不够，早期地球还拥有取之不尽的地热能、闪电的脉冲辐射能和无处不在的放射性衰变的核能。

碳？准备好了。生命所需的碳基分子以碳质陨石雨的方式降落在早期地球上。地球环境本身（大气、海洋和岩石）提供了更丰富的生命构成元素，我们的地球成为生物分子创新的引擎。

万事俱备，土、气、火和水即将创造新的奇迹——生命。

呈示部

生命的起源

生命的起源和演化是一部史诗，非常适宜用碳化学的语言进行描述。地球历史上最大的一次转变就是生物圈的出现，我们确定这次转变曾经发生过，我们试图去了解它是如何发生的。然而，关于生命奇迹出现的原因仍然很模糊，大部分线索都被隐藏在历史的阴影中。一小群科学家被好奇心驱使，将他们的职业生涯奉献给了这一追求。我们接受了挑战，但并不能保证我们在有生之年会找到令人信服的答案，因为这是一段持续了很多个世纪的发现之旅，并且探索之路上的问题远多于答案。

生命的起源——5 个疑问

对任何一件新闻报道，勇敢的记者都会调查它的 5 个基本要素：

who（何人）、what（何事）、where（何地）、when（何时）以及 why（何因）。最后再加一个 how（如何），现在研究生命起源的科研人员所面临的挑战性问题就有了全面的总结。对于这些经典的问题，我们有着不同程度的自信来回应，尽管尚没有一个问题得到彻底解决。

何人与何因 [1]

在生命起源的背景下，"何人"与"何因"这两个问题更适合哲学家和神学家来思考，而不是泡在实验室里的科学家。对于"何因"的问题，不乏激烈甚至武断的观点，但科学必须对此保持中立，因为这个问题与生命的意义和目的这些古老问题密不可分。科学依赖独立可重复的观察、实验以及数理逻辑，这是一种与哲学和神学形成鲜明对比的认识论。然而，科学肯定会影响哲学，毕竟，在不了解宇宙游戏的基本规则的情况下，我们又怎么能理解宇宙的意义和目的呢？然而，科学家们现今仍无法告诉我们为什么宇宙中会存在如此丰富多样的生物和非生物。

"何人"这个问题用严格的科学方法同样无法回答，因为这需要客观的、独立的、可验证的结果。除非我们发现地球上的生命是由外星文明刻意播种的（这是一种被称为"定向泛种论"的概念，由此产生了大量有趣的推测性文献），否则"何人"的问题也超出了狭义的科学范围。

何时

我们可以对解决生命何时出现这个问题更有信心，因为我们发现了两个像书立一样的严格限制条件。

一方面，从月球最古老的晶体中提取的同位素显示，大约 45 亿年前，地球与假想中的较小行星忒伊亚之间发生了激烈碰撞，这场灾难破坏了两个行星世界，形成了月球。[2] 即使在这次大灾难之前已经出现了某种原始生命形式，撞击后形成的环绕地球的岩浆海洋也足以摧毁地球上的任何生命。月球的形成标志着全球范围内对海洋、大气和生命的一次消毒重置。

另一方面，化石证据（在格陵兰岛上地球最古老岩层中发现的碎化石）表明微生物生命在大约 37 亿年前就已经出现。那些独特的叠层石（stromatolite）带有一层又一层微生物沉积，表现为土丘状结构。我们认为生命在最古老的化石出现之前就已经出现很长时间了。

在距今 45 亿—37 亿年前的时段，生命出现的确切时间仍然不确定。有些专家认为，早在 44 亿年前，地球就有海洋和大气，适宜居住，这种早期环境有利于生命的快速出现。而另外一些专家则更倾向于约 39 亿年前，在此之前地球疑似被巨大的小行星和彗星大规模撞击。那些地球遭受撞击的直接证据早已被快速生长的地壳抹去，不过有关所谓"大轰炸"事件的时间和规模，仍然清晰地刻在伤痕累累的月球表面。无论如何，我们都可以自信地说，地球在演化过程中至少有 80% 的时间都是一个有生命的世界。

何地

在生命起源的背景下，"何地"的问题很有趣，因为这个问题涉及早已从地球上消失且无从得知的地点。如果正如我们大多数人所预想的那样，生命起源于地球而不是来自某个遥远的世界，并且是在与忒伊亚碰撞后的几百万年内迅速出现的，那么我们应该考虑地球上寒冷的极地地区是最有可能的生命起源之地。

地球两极会最先凝固形成岩石，并且受新形成的月球对地球产生的巨大潮汐力影响最小。早期的月球疯狂地绕着轨道运行，每隔几天就会在我们熟悉的月相序列中循环一次。在月球形成后最初的几千年里，它和地球的距离不到现在的十分之一，那时天空中的月球显得十分巨大，上千英尺高的潮汐一定席卷了不断遭受破坏的地球。44亿年前，只有地球较冷又稳定的两极才能免受早期月球的破坏性影响。

如果我们为生命起源假设一个更宽松的时间框架，比如在地球形成几亿年后，那时地球已经冷却，月球也退后到一个更安全的距离，那么地球的生命最早从哪里出现的问题就随时间的推移而不复存在了，因为那时极地、中纬度、赤道几乎没什么区别，我们永远也无法确定准确的GPS坐标。

但是，有些耐人寻味的猜测使"何地"的问题变得复杂起来。也许生命起源于另一个世界，地球上的生命正是从遥远的地方传播过来的。这种推测性的、未经检验的假说至少有两种不同的版本。

相对更"科学"的版本着眼于附近的行星，几乎可以确定就是火星。他们认为早在地球变得宜居之前的数千万至数亿年，火星上可能已经出现了适宜生命存在的温暖、潮湿的条件。[3]如果生命的出现是宇宙的必然，那么它们定然能在任何宜居星球上迅速出现，火星上的微生物很可能是最先出现的。一些顽强的微小生物寄住在岩石保护层当中，当强大的小行星撞击火星后，四处飞溅的火星陨石成为微生物的便车。这种猛烈的撞击事件一定是有规律地遍布整个火星表面的。

一些大型撞击事件的数学模型显示，大块的火星地表物质可能已经被抛射到太空中，而撞击对被岩石包裹的微生物群落的破坏相对较小。经过短暂的旅行后，这些搭便车的微生物到达地球，它们可能是第一批"殖民者"，也是今天所有生命的祖先。这种说法听起来可能有些牵强，但是这些年NASA持续探索火星的目的之一就是寻找类似地球微生物的生命，它们可能保存在红色的、干燥的火星表面之下的生态系统中。一旦发现这类微生物，并且发现它们具有与地球生命相似的生理生化特征，那么我们中的许多人就会得出结论：火星是第一个拥有生命的星球，我们都是"火星的后裔"。

从正式发表的文献来看，一些学者认为生命起源于更遥远的地方。天体物理学家弗雷德·霍伊尔因发现恒星中形成碳的三 α 过程而声名鹊起，他便是这种"泛种论"假说的重要拥护者，该假说认为携带病毒的彗星将第一批生命带到了地球。[4] 而且，他认为从太空落下的新型病毒将持续感染地球——大多数科学家认为这种情况纯属无稽之谈。

有人推测，生命可能来自另一个恒星系统，甚至可能经过智能设计，并且是有目的地进行定向播撒，这样的假设至少目前无法得到科学的检验。这种有些伪科学的想法在理性思维上也是不堪一击的，因为它只是将生命起源的问题转移到了另外的时间和地点，却并没有从根本上解决问题——请问，又是谁设计了设计师呢？

生命是什么？（何事）[5]

接下来就是最令人抓狂的"何事"的问题。如果我们能解开生命起源的古老谜团，那我们或许能知道生命是什么。然而，我们没有。

我们看到生命的时候，知道生命就是生命，但很奇怪的是，迄今为止生物学家还未能为生命制定出一个被普遍接受的定义。这种"词典"上的缺陷并非源于我们很难识别跳跃的青蛙或摇曳的桦树，而是源于我们对宇宙可能性的相对无知：我们只有一个生物圈可供研究，只有一种"生命"样本。如果郁郁葱葱的地球是宇宙中唯一的生命世界，那么我们可以轻松编制一份令人满意的清单，列出我们自己生物圈独有的化学特性和物理特性。如果我们在浩瀚的太空中真的是孤独的，那么我们基于地球的分类学（taxonomy）将为生命提供一个全面的定义。我们可以指出生命基本的化学组成，如碳和水；指出无处不在的分子模块，如蛋白质和 DNA；指出独特的结构，包括核糖体和线粒体。所有这些都包含在微观细胞中，细胞是地球多样化的生物圈中除病毒外所有生物体最基本的共同单位。

另一方面，正如许多研究宇宙历史的人所怀疑的那样，如果宇宙拥有无数生命世界，那么我们用以地球为中心的狭隘方式来定义生命就太过草率了，这就是为什么科学家试图依靠更普遍的特征和行为来区分生命和非生命。所有可以想象的生命形式，无论是单独的还是集体的，都将具有繁殖、生长、对环境变化做出反应以及演化出新属性的能力。寻找地外生命是 NASA 的长期任务之一，他们对生命附加了一个条件，即生命必须是一个由相互作用的原子和分子组成的化学系统。因此，基于计算机的电子"生命形式"是完全不同的东西，例如受硅半导体限制的由一系列 0 和 1 组成的不断增长、不断演化的实体，对此我们需要一种新的分类方法和一套不同的组织规则。

因此，"何事"这个问题包含了生命本质的严格定义的模糊性。科学家们以谨慎和尊重的态度对待这个分类问题，因为目前我们只有一个生命世界作为例子。但这种无知的状态随时可能会改变，也许有一天，我们的某个行星探测器会为我们带来关于地外生命的革命性发现，或与某个外星物种直接接触。时至今日，尽管科幻小说家对外星生物有着无限的创造性思考，但我们还没有任何科学依据能对那些可能被描述为"活着"自然现象进行分类。

无论宇宙中的生命多样性究竟如何，了解生命起源所需做的工作都集中在我们最熟悉的生命形式上：地球上的碳基生命。探索地球从死气沉沉的化学世界到充满生物化学的世界的转变过程，是最艰巨的科学挑战之一。这一远古的变革与飞跃太过深刻，无法通过任何一个理论来解释，也无法在任何一组实验中验证。最好的方法是将整个地球的故事分成许多易于理解的篇章，每个篇章都为不断发展的碳化学世界增加一定程度的结构性和复杂性。

现在还有最后一个大问题：生命是如何产生的？（How？）

生命的起源：化学基本规则

在解决大自然的重大谜团时，最好从研究基本规则开始。生命起源的研究框架包含 3 个核心假设。第一，大多数研究人员都同意是行星提供了生命的原材料——海洋、大气以及大量的岩石和矿物。第二，许多人得出以下结论，即生命的起源需要一系列化学步骤，每一步都会增加一定的复杂性和功能性。第三个假设就是碳的核心作用，这也是几乎所有生命起源理论中最基本的假设。碳是当今地球生命的基础元素，所以大多数人倾向于认为碳在生命起源之初就发挥着重要作用。但我们能确定吗？

创造生命：为什么是碳?

碳是构成晶体、形成循环以及组成物质的元素。碳以固体、液体和气体等各种形式存在，扮演着无数的化学角色，触及我们生活的方方面面。生物的结构和功能远比自然界或工业生产的任何非生命物质复杂得多，哪种元素将为生命提供重要的火花？

一种化学元素要成为生命起源的核心，必须符合一些基本预期。毫无疑问，对生命必不可少的元素都必须非常丰富，应当在地壳、海洋和大气中广泛存在。该元素必须具有进行大量化学反应的潜力：它的惰性不能太大，否则便会在那里什么也不做；另一方面，它也不能过于活泼，不能在轻微的化学反应下便发生燃烧或爆炸。

即使这种元素的性质处于化学平衡点，位于爆炸和死寂中间的理想境界，它要做的也不仅仅是一个单纯的化学装饰。它必须擅长形成坚固而稳定的结构膜和纤维，犹如生命的瓦片和砂浆。它必须能够存储、复制和解码信息，并且在与其他常见建造元素相结合的过程中，有能力利用其他化学物质反应的能量或太阳的能量。与其他元素的巧妙组合要像电池一样方便地存储能量，而且可以随时随地释放受控的能量脉冲。生命的基本元素必须具有同时处理多项任务的能力。

在这些限制条件下，我们要考察许多可替代的元素。宇宙中最常见的元素是氢和氦，它们是元素周期表的第 1 号和第 2 号元素，占据了这张表格的整个第一排，但它们永远不可能构成生物圈的基础。

氢原子不具备多功能协同性，因为它一次只能与一个原子紧密结合。但需要注意，氢并非不重要。氢原子能通过"氢键"（一种"分子胶水"）塑造许多生物分子，它与氧共同作为水分子中的"联合主演"，而水是所有已知生命形式必不可少的组成部分。然而，第 1 号元素氢不能为生命提供多样的化学基础。

氦是元素周期表中的第 2 号元素，它对生命而言几乎毫无用处。这种气体惰性极大，十分"傲慢"，拒绝与任何元素（甚至包括其本身）结合。

观察元素周期表，第 3、4、5 号元素分别是锂、铍和硼，它们由于太过稀缺而无法作为构建生物圈的基础。这些元素在地壳中的浓度仅为百万分之几，在海洋和大气中更低，我们可以放心地把它们从生命潜在所需成分的列表中删除。

第 6 号元素是碳，它是生物界的化学英雄，我们稍后再来讨论它。

第 7 号元素是氮，它是一种有趣的元素。在近地表环境中，氮含量丰富，约占大气的 80%。氮原子通过成对结合的方式形成氮气。氮气是一种惰性气体分子，是我们呼吸的空气的主要成分。氮还可以与许多其他元素结合，其中包括氢、氧和碳，形成各种与生物化学相关的有趣的化学物质。蛋白质由氨基酸的长链组成，每个氨基酸分子至少含有 1 个氮原子。重要的遗传分子 DNA 和 RNA 的结构单元中也包含氮，DNA 的 4 种碱基——A（腺嘌呤）、T（胸腺嘧啶）、G（鸟嘌呤）和 C（胞嘧啶）可以实现特定的配对。但是，比稳定电子数 10 少了 3 个电子的氮急需电子，所以它的化学反应有些过于活跃，由此产生的键也不够灵活，以至于氮无法扮演主要角色。因此，我们可以从竞争行列中排除氮。

那为什么不能是氧呢？毕竟，就原子数量而言，氧是地壳和地幔中含量最丰富的元素，占大多数岩石和矿物中原子数的一半以上。长石矿物占地球各大洲和洋壳体积的 60%，而在长石矿物中，氧原子和其他全部原子的数量之比为 8∶5。常见的辉石族矿物的特征是氧原子数与其中常见金属元素（如镁、铁、钙）的数量比为 3∶2。沙滩上最常见的矿物——石英（SiO_2）是氧和硅的化合物。当你躺在沙滩上晒太阳时，身下三分之二的物质都是氧原子，想想真是了不起。按原子数量比，氧在地壳中的浓度大约是碳的 1 000 倍。

尽管氧在数量上极其丰富，但在化学性质上却是乏善可陈。1 个独立的氧原子最初只有 8 个电子，比理想状态少了 2 个电子，因此它几乎不加选择地与任何可以弥补缺口的原子结合。诚然，对生命至关重要的众多化学物质都离不开氧，如糖、碱、氨基酸，还有水。但是，氧无法形成链、环和分支等几何结构，而这些是生命复杂结构的核心。因此，我们可以从生命最关键的"原子基石"候选名单中排除含量丰富的氧。

排在元素周期表第九位的氟，化学性质更为糟糕，它仅比稳定电子数 10 差 1 个电子，所以氟几乎可以从任何其他元素中贪婪地吸收电子。由于化学性质活泼，氟可以腐蚀金属、玻璃，与水接触则会爆炸。当你的肺中充满氟气时，你会在痛苦中死亡，因为你的肺会因化学灼伤而长满疱。

我们继续筛选。第 10 号元素氖和第 18 号元素氩是惰性气体，因此我们不考虑它们。钠、镁和铝（第 11—13 号元素）太易于失去电子，而磷、硫和氯（第 15—17 号元素）又特别容易获得电子。随着我们深入研究元素周期表，后面的元素变得不那么常见，它们成为生命核心化学元素的可能性也越来越小。

处于元素周期表第三行中间位置的常见元素硅，可能是个例外。硅是第 14 号元素，占据着碳元素正下方的重要位置。既然元素周期表中同一列的元素通常具有相似的特性，那么硅能否成为碳的一种可行的生物替代元素？科幻小说家不止一次选择了这个话题。我清楚地记得，在经典电视剧《星际迷航》（*Star Trek*）第一季中的一集，由威廉·夏特纳（William Shatner）饰演詹姆斯·T. 柯克（James T. Kirk）船长，伦纳德·尼莫伊（Leonard Nimoy）饰演斯波克（Spock）先生，企业号的船员们发现了一种形状像岩石的硅基生命，它是一种智慧生物并且对人类具有潜在威胁。这场表演非常有趣，尤其是最终通过一个令人满意的和平解决方案，这种智慧生物学会了与人类相处。但里面的矿物学假设是有缺陷的，硅是生物的死胡同。地表的硅只有一个迫切的成键指令，那就是找到 4 个氧原子结合并形成晶体。一旦硅氧键形成，它们便会因为太强且太不灵活而无法进行有趣的化学反应。你不能简单地把生物圈建立在像硅这么"专一"的元素上。

你可以尝试继续寻找其他有希望的元素，但注定徒劳无功。或许你的目光会落在第 26 号元素——铁上，它是地壳中含量仅次于氧、硅和镁的第四大元素。那为什么不是铁呢？铁喜欢结合，而且它的选择很灵活。它能与氧气结合吗？当然可以，比如红色的氧化铁，它由离子键结合而成。那与硫呢？当然也可以，通过共价键形成的黄铁矿金光闪闪，又被称作"愚人金"。铁还可以与砷和锑、氯和氟、氮和磷结合，甚至与碳结合形成各种碳化铁矿物。如果没有其他元素可用，铁也很容易与自身结合形成铁金属。拥有如此多样化成键组合的铁似乎是生命核心元素的理想选择，但铁有一个缺陷：它很容易形成拥有大晶体的矿物，而不容易制造小分子。生命需要各种类型的分子，链状、环状、树状、笼状，而铁很少尝试这些"把戏"。

所以，我们只剩下碳，它是最通用、适应性最强、最有用的元素。碳就是生命的元素。

创造生命：碳能做什么？

简而言之，碳几乎无所不能。碳的任务是合成一系列分子，以服务于生命多方面的功能。形状是一个至关重要的属性，生物分子能否成功实现功能很大程度上取决于它们的三维结构，但在某些情况下，简单结构也非常必要。韧带和肌腱、藤蔓和卷须、蜘蛛丝和人的头发等，这些都需要微观物质在一维空间上牢固结合，从而形成绳状和纤维状。碳可以实现这一点，它通过把长而强的链状聚合物连接在一起来实现这一壮举。

相比之下，由扁平的碳基分子层形成的薄而柔韧的膜包裹着细胞和关节处耐用的软骨，组成光滑柔软的皮肤。其他更复杂的分子排列可以发挥不同的机械功能：可供细胞进出的隧道状分子通道，在细胞内运送营养物质的微小传送带，供流体流动的管道系统，甚至推动精子运动的亚微观分子马达——它帮助精子到达与卵细胞结合的位置。

生命还需要功能多样的化学工具包来完成其繁复多样的化学任务。有的实用型分子的作用就像剪刀，把食物从大块剪成小块。人的胃里充满了可以消化蛋白质、脂肪或复合碳水化合物的分子，它们将大块的食物分解成人体可利用的小分子形式。其他形态演化得极为精巧的分子工具，可以很快地将两个较小的目标分子拼接成一种新物质，或将目标分子按类别进行分组，或将目标分子折叠成新的有用的结构。其中一些分子工具包含成千上万个组合成复杂三维形状的原子，令人眼花缭乱。破译这些堪称奇迹的分子的结构和功能是一件了不起的事情，不止一位科学家因此类工作而获诺贝尔奖。

能够作为主干支撑如此多样化的复杂分子的元素，只有碳，其中的奥秘就在于它灵活的化学性质。作为第 6 号元素，碳位于稳定电子数 2 和 10 的中间，碳可以通过得到电子、释放电子或以各种方式与 2 个、3 个或 4 个相邻原子共享电子来达到稳定的化学结构。

控制电子是生命的化学秘密。生命依赖于高度受控的化学反应序列，这是一个吸收能量、储存能量并利用能量构建生命组织的复杂过程。生命的每一个基本化学反应都会引起原子及其电子的重新排列，控制原子和电子的运动，就可以控制生命基本的运作过程。

碳能够实现上述目标，因为它可以直接与包括自身在内的数十种不同元素结合，从而创造出广泛的局部化学环境。虽然大多数碳原子周围都有 4 个相邻的原子，每个原子都贡献 1 个电子来实现所需的稳定电子数 10，但碳也可以形成"双键"，即与另一个原子共享 2 个电子——通常与氧或与碳自身共用。双键导致碳原子只能有 2 个或 3 个邻居，而不是通常的 4 个。在特殊情况下，碳甚至可以形成"三键"，即与另一个原子共享 3 个电子，最常见的是与氮原子或另一个碳原子，三键碳原子只需要 1 个额外的相邻原子提供 1 个额外的电子。这些不同的键合选择极大地增加了碳基分子的几何多样性。

其中一些结构（例如用大量氢原子装饰碳原子长链）会形成碳氢化

合物分子，碳氢化合物分子中的每个原子和每个电子都处于相当稳定且不活泼的状态。除非遭受极端的化学破坏，例如在活性氧存在的情况下被点燃，否则碳氢化合物分子中的原子和电子会一直保持稳定。碳、氢等元素组成的长链分子是构成保护性细胞膜的有效组成部分，也是脂肪和油脂长期储存能量的主要工具。

　　调节细胞的蛋白质是碳基大分子，它们需要以精确的控制方式来移动电子。碳基大分子的原子排列是这样的：1 个电子由几个原子（通常是包含铁、镍或铜等金属原子的原子团）微弱地控制着，这种形式很容易导致该电子的转移，分子环境的轻微变化就会引发这种反应。接着一个化学反应可能会引发另一个化学反应，这是由碳基蛋白质的几何结构精确控制的电子转移的快速级联反应。在细胞生长和繁殖过程中，这种反应链对于构建新分子必不可少。

　　碳扮演着多种角色，使分子具有无与伦比的灵活性。碳得到电子、失去电子或共享电子，从而与数十种不同的化学元素结合形成具有单键、双键或三键的分子链、环和支。碳原子不仅可以形成一氧化碳、二氧化碳和甲烷之类的小分子，同时也参与拥有数十亿个原子的巨大分子结构。

　　在了解到碳如此多样的功能之后，你也许就不会对以下事实感到惊讶了，那就是在实验室里化学家有 90% 的工作都与碳有关。看看任何一所大学的化学系或生物系教授的课程，你都会被碳那不成比例的重要性所震惊，这些课程包括有机化学、高分子化学、药物化学、生物化学、分子遗传学、农业化学、食品化学和环境化学。许多研讨会的主题包括药物的计算机辅助设计、蛋白质的复杂折叠结构、碳基纳米材料、土壤的微观结构以及酿造葡萄酒的复杂化学过程。所有这些主题，还有其他更多主题，都围绕着碳丰富的化学特性展开。

策略：自然发生的步骤

生命起源研究中一个流行的研究方法是想象一个"起源场景"，即假设一个关于化学和物理环境的复杂广泛且通常无法检验的故事，在这个故事中，生物从无生命的地球化学环境中诞生。每一个故事都依赖一些以前被忽视的物理或化学反应：也许是一种独特的矿物，如云母或黄铁矿；或是令人惊奇的物理环境，如大气中被风吹起的气溶胶喷雾；或是海底深处火山口附近的硫化物"气泡"。

这些点子（和宣传形式）由于新颖而受到欢迎。英国矿物学家格雷厄姆·凯恩斯－史密斯（Graham Cairns-Smith）是一位富有创造力的科学家和有趣的演讲者，也是一位出色的作家，他提出的"黏土世界"假说引起了广泛关注。[6] 他推测，一片最早形成的黏土碎片（泥浆中普遍存在的光滑矿物成分）开始自我复制、传递信息和演化，最终成为现代生物学的生物分子模板。尽管这个过程的机制只是一种模糊概念，并且从晶体化学的角度来看可以说站不住脚，但是这一场景激发了人们的想象力，例如假说中反复提及了古代犹太神话中"有生命的泥人"（golem），这是一种诞生于黏土中的生物。

关于生命起源的会议和出版物经常有这样的概念性贡献，比如"多环芳烃（PAH）世界""云母世界""硼酸盐世界"，每种假说都是一个关于自然的奇异故事，都发生在某个特殊环境下，以促成地球从无生命的化学物质到有生命的星球这一艰难飞跃。

然而无论上述脚本乍一看多么巧妙，噱头多么吸引人，演讲多么有激情，所有这些都让我感到有些窒息，因为这是对自然丰富可能性的无言反对。从某种意义上说，对生命起源的研究类似于玩名为"二十个问题"的游戏，在此游戏中你尝试通过询问一系列是或否的问题来缩小范围，从而确定一个神秘人物。有策略的玩家总是从最通用的问题开始，确定神秘人物是生是死、是男是女等等。

生命起源的研究应该没有什么不同。先提出最普遍的问题：自然界通过哪些不同的反应途径来合成生物分子？通过什么机制可以把这些基本成分组装成功能性聚合物和膜？相比之下，许多起源脚本显得太过局限，有点类似于把"是查尔斯·达尔文（Charles Darwin）吗？"当作第一个问题。当然，脚本类似带有灵感的猜想，具有独创性且发人深省，偶尔你可能会幸运地凭直觉完成"二十个问题"的游戏，但其实这并不是特别有用或令人满意的方法，难以解决生命起源这一深刻的科学问题。

我们有一个更好的方法。回答生命起源问题最基本的方法是将生命的出现视为一系列化学步骤，每一步的结构性和复杂性都较前一步增加，最终形成了地球生物圈。第一步：必须形成基本的分子模块，如氨基酸、脂质、糖、碱基。第二步：这些简单的分子模块必须被组装成功能性结构——大分子，大分子作为膜和入口，能够存储和复制信息，并促进生长。最后一步：分子的集合必须学会自我复制。

这种方法将生命起源视为一系列自然发生的步骤，比任何特殊设想（不管这些设想看起来有多么聪明）都更具优势。每个步骤都可以通过有针对性的、严谨的实验方案进行研究，每个步骤都解决了与碳化学相关的基本问题，这些问题本身就很重要。这个简单的实验策略最有可能模拟宇宙中任何富碳的行星或卫星上必定发生的连续化学步骤。

第 1 步：生物分子的出现

对于生命起源研究的任何方面来说，第一步一定是制造生命的基本分子模块。20 世纪 50 年代初，芝加哥大学进行了一项突破性的实验，该实验被誉为生命起源科学的曙光。研究生斯坦利·米勒（Stanley

Miller）在寻找合适的博士课题时，向他的导师、著名化学家哈罗德·尤里（Harold Urey）寻求建议。[7]

大约在此 20 年前，尤里是第一个分离出氢的重同位素氘并对其进行描述的人，这项工作使他获得了 1934 年的诺贝尔化学奖。在第二次世界大战期间，他参与了曼哈顿计划，为把可裂变的铀 -235 从更丰富的铀 -238 中分离出来的过程提供了指导，在开发原子弹方面发挥了关键作用。[8]

战争结束后，许多核科学家不再从事大规模杀伤性武器的应用研究。尤里将精力重新集中在地球的化学演化上，利用岩石的同位素记录来示踪古代海洋的温度和过去地质时代的大气成分。尤里的重大发现之一是他认识到在没有生命广泛影响之前，地球的早期大气主要由火山喷发所形成，与今天的大气完全不同。他假设了一种活性气体的混合物，包括氢气、甲烷和氨，这些气体都是"前生命化学"（研究地球上生命出现之前时期的化学学科）的潜在贡献者。没有人知道这种奇异的大气可能会引发什么化学反应，但尤里推测这种气体混合物对生命起源产生了影响。米勒深受尤里关于这个话题的演讲的启发，决定找出答案。

尤里和米勒一起设计了一个精巧的桌面玻璃装置，将烧瓶和管子进行组合，里面装上浅水和混合气体。从下面对实验装置微微加热，并用电火花放电模拟原始近地表环境中的闪电，对水蒸气和其他气体的混合物进行刺激。以《在可能的早期地球环境下之氨基酸生成》（*A Production of Amino Acids under Possible Primitive Earth Conditions*）为题的研究成果发表于 1953 年，一经发表就登上了世界各地的新闻头条。[9]米勒和尤里用最基本的成分——水和可能从早期地球的火山口喷出的气体，制造出了关键的生物分子。这项开创性成果推动生命起源研究不断向前发展。

生命起源于深火山口吗？

"Where"（何地）是与生命如何出现密切相关的问题，这一问题似乎无法回答。生命最早出现在阳光普照的地表还是黑暗的海洋深处？有关生命起源之地的问题总能引发热议，争辩的激烈程度是其他方面的生命起源问题所无法比拟的。

我们倾向于采用二元对立的思维方式，这可以说是人类的天性。克洛德·列维－斯特劳斯（Claude Lévi-Strauss）是 20 世纪法国人类学家、哲学家，也是《野性思维》（*The Savage Mind*）一书的作者，他把这种非黑即白的观念描述为对原始生存机制的一种回归：快速识别出朋友和敌人可能是生与死的抉择。[10] 在面对致命危险时最好不要模棱两可。这种僵化的两极思维模式持续影响着现代社会，体现在各种新闻报道中，种族主义、民族主义、政治派别和原教旨主义仍将人类社会分裂成"我们"和"他们"的碎片。

如果我们这些理性的科学家能够以更加精细、更加开明的态度对待我们的研究，那将是一件令人欣慰的事。但你只要翻开科学史看一眼，就会发现有大量科学家落入了同样的陷阱。[11] 2 个多世纪以前，当时最伟大的一批地质学家陷入了激烈的论战，他们分为两组：均变论者和灾变论者。前者认为所有地质过程都是渐变的，而且今天依然如此；后者则认为短暂的灾难性事件才是地球地质变化的原因，如《圣经》中提到的诺亚大洪水。现在我们都知道，真相是介于两者之间的。类似的争论还有水成论和火成论，以亚伯拉罕·戈特利布·维尔纳（Abraham Gottlieb Werner）为首的学者认为岩石起源于水，而詹姆斯·赫顿和他的支持者则认为热是地球各种地壳结构的主要成因。如今看来，两个阵营都是部分正确的。

1953 年，斯坦利·米勒在他的桌面实验中发现氨基酸和生物所需的其他化合物容易大量合成，这引发了新的对立。米勒和大多数处于萌芽期的生命起源研究团体的观点一致，认为生命起源的一个关键问题已经解决，生物分子就形成于闪电环绕的远古大气中。颇具影响力的生物化学家莱斯利·奥格尔（Leslie Orgel）打趣道："如果上帝不这样做，那他就错失了一个好赌注。"[12] 显然，相对容易获得的成功是诱人的，"米勒派"思想盛行了 30 多年。在圣地亚哥米勒实验室接受培训的信徒队伍不断壮大，他们在全球各地宣传米勒和尤里的"正统"理论。

1977 年，人们在深海海底发现了"黑烟囱"（自热液喷口喷出黑烟的烟囱），那里有丰富的微生物生态系统，据此，黑暗的深海海底为生命起源提供了一个有趣的假设，这种假设基于矿物中稳定且普遍存在的、不断由火山产生的化学能。以岩石为动力的生命起源假说很有吸引力，因为这是制造生物分子的一种合理且互补的方式，是一种更加良性的合成途径，而闪电具有破坏性和偶发性。我们中的许多人都认同这个新想法，尤其是矿物学家，他们的工作突然变得与此更为相关。但米勒和他的同伴们极力反对热液起源的观点，发表了一篇又一篇论文来解释为什么这种新学说是错误的。1992 年，广受欢迎的科学杂志《发现》（Discover）刊登了一篇著名的封面文章，其中米勒公开抨击热液起源假说是"真正的失败者"。[13] 他抱怨道："我不明白为什么我们还要讨论这个。"

NASA 挽救了这个深部生命起源的假说，他们的任务是探索其他未知世界，尤其是可能蕴藏生命的其他行星和卫星，深部生命的研究前景拓展了他们的任务范围。毕竟，如果生命起源局限于米勒 – 尤里模型，即闪电间歇性地光顾温暖潮湿的地表环境，那么地球以及早期的火星便可能是我们太阳系中仅有的存在生命的地方。对于一个致力于太空探索的机构来说，这份名单实在太短了。但是，如果一座深层的、黑暗的、潮湿的火山带能够扮演主角，那么很多其他的未知世界就能成为生命探索的对象。被冰覆盖的木卫二、木卫三，甚至木卫四，都显示出了浩瀚的地下海洋从下方被加热的证据，当它们围绕木星这颗气态巨行星运行时，潮汐作用为其提供了能量。

土星的巨大卫星泰坦虽然表面寒冷，但拥有以水作为"岩浆"的"冰火山"，那些水先是流动的，后来结成了冰，人们推测泰坦可能也有深层热液带。更吸引人的是土星的小卫星土卫二，[14] 虽然其直径只有大约 500 千米，但它拥有地下海洋和热液喷口，可以将水喷至冰盖表面。即使是今天的火星（假定其地下环境温暖潮湿），看起来也更有希望成为某种原始地下微生物生态系统的家园。鉴于上述前景，不管热液起源假说在多大程度上带有推测性，NASA 都对此欣然接受，并开始资助几个实验室（包括我的实验室）进行实地考察、实验测试以及建立适宜生命存在的可替代环境的理论模型。

经过超过 25 年的实验和讨论，科学家们发现了与深部热液有关的丰富且可信的化学反应，这是对地表合成机制的必要补充。许多研究人员正关注普遍存在的玄武岩风化反应，通过这种反应，新的火山玄武岩流转化为碳酸盐和黏土矿物，并释放氢气（氢原子本身就是生命的绝佳能源）。而且，随着大量有关深部碳基化学反应的新证据的涌现，米勒对所谓的"投机者"的误导性争辩也很快成为历史，这不过是对研究大自然微妙性毫无益处的二元对立思维的又一个例子而已。

我们需要从中吸取的教训很清楚，那就是将错误的二元对立思维强加于有关自然世界的问题上不仅会使研究人员两极分化，还可能会因为忽略系统的复杂性而阻碍科学进步。大自然不是非黑即白那么简单，摒弃错误和武断的划分，我们便能朝着微妙的真相更快迈进。

———

通过全球数百名科学家半个多世纪的研究，我们了解到早期地球是有机合成的引擎。大量生命所必需的碳基分子（氨基酸、糖、脂质）在被闪电轰击的地表、深海火山喷口、阳光照射下的海湾和温暖的小池塘里形成。富碳陨石携带生物分子从天而降，而且随着太阳紫外线持续不断地对大气进行改造，生物分子逐渐在大气的高处形成。

在过去 10 年当中，深碳观测计划的科学家们进一步丰富了这一令人印象深刻的清单，利用实验和理论揭示了地球和其他行星在其深部高温环境下产生有机分子的巨大潜力。已有十几个国家的研究人员在极端的地幔温压条件下合成了基本的生物分子和其他有机物，而此前我们大多数人都认为极端温压条件对生命的基本分子是有害的，关键信息显而易见。我们这颗年轻的星球，以及整个宇宙中温暖潮湿的行星和卫星，都善于制造生物分子。也许过去 70 年有关生命起源的研究做出的最大贡献，就是使我们明确认识到宇宙是合成生物分子的引擎。

第 2 步：选择和集中

生命起源的第二步提出了新的挑战：不是制造有机分子，而是筛选它们。在生命出现前，地球上已经出现了大量碳基分子——成千上万种不同的"小"分子，每种小分子都只含有极少数碳原子，它们均可作为潜在的生物构建单元。相比之下，尽管生命有着令人眼花缭乱的结构多样性，但它却采用了一种更简单的化学策略，大多数细胞仅依赖于几百种精选分子。

举个例子，在成千上万种可能的氨基酸中，活细胞在大多数情况下只使用其中的 20 种。更有意思的是，在这 20 种氨基酸中，大多数氨基酸至少有 2 种与"镜像对称"相关的异构体——性质相同的左型和右型变体。生命起源前的化学反应总是产生等量的左型和右型氨基酸分子，但生命中的氨基酸几乎都呈现为左型。生命中的糖也具备类似的特征，几乎所有的糖都是右型，许多脂质以及 DNA 和 RNA 的分子也是如此。因此，在通向生命起源的道路上，第二个具有挑战性的步骤是选择合适的分子子集，并将它们集中起来，这一过程发生的地方可能是矿物表面，也可能是沐浴在阳光下的干涸潮池（tidal pool）边缘。

表面是一个很有吸引力的选择，我和我的同事都特别注意到了这一点。早期地球上广阔的海洋"太稀"，以致生命出现前的分子无法规律性地接触和连接，但表面可能为它们的结合提供了便利。在某些情况下，比如在经典的"水包油"（oil-in-water）场景中，分子聚集在水的表面，从而形成它们各自独立的层和球。

细胞膜就是一个很好的例子，它们由无数又长又细的脂质分子自发聚集而成，每个脂质分子都有一个碳骨架。[15] 每个分子的一端被水强烈吸引，另一端被水同等程度地排斥。如果你将大量这种细长的双端分子浸入水中，那么吸引力和排斥力将迅速引导数百万个分子排列成一个有弹性、双层且充水的球形结构。这些分子的亲水端会面向球体的圆形外部和中空内部，而疏水端则会在双层膜的深处相互依偎，尽量远离水。

对生命诞生之前的分子混合物的实验已经一次又一次地证实了这种成膜机制。从米勒－尤里实验的仪器中刮下的、从富含碳的陨石中提取的、从高温合成实验中产生的黏性分子混合物，都能在水中自发形成微小的细胞状结构。生命起源故事的一部分（最原始的细胞膜不可避免地出现）似乎已经被解决了。

更大的问题是大部分生物分子的选择和集中，它们易溶于水，但不易自组织（self-organize）。早期的氨基酸是如何找到彼此并制造出第一批蛋白质的？ DNA 和 RNA 的分子结构单元是如何组装成第一个能够携带和复制生物信息的结构的？为了解开这些谜题，我们把目光投向了矿物王国。

矿物与生命起源

生命起源依赖原材料的可靠供应，它们相当于建造细胞的化学砖块和灰浆。但细胞依赖化学组分之间正确的相互作用，若没有外力的帮助，这些步骤不可能出现在原始培养液中。

幸运的是，大自然发明了不止一种方法来从稀释的海洋中浓缩生物分子。一种惯常的机制是海水先飞溅或涌入浅水池，经过蒸发，余下的化学物质进一步浓缩成丰富的有机液体。一个半世纪前，查尔斯·达尔文在给朋友的一封信中想象了这样一个"温暖的小池塘"，这一充满阳光的舒适场景的形象得到了众多学者的追捧。

斯坦利·米勒可能在无意中验证了这个想法的一个变体，他把一个装有有机溶液的容器放在冰箱的低温环境里长达 30 年之久，显然他已经忘了这件事。随着容器里的水结成冰，剩余的少量液体浓缩成富含碳基分子的溶液，这些碳基分子缓慢地相互反应，产生了新的有机物。早期地球上的冻融循环可能以类似方式促使生物结构单元的库存不断增加。

尽管大家都有很多好的想法，但几十年来，却一直未能成功将生命基础分子与水的混合物变成有用的生物结构，许多研究者得出结论，岩石和矿物提供的坚实基础一定发挥了重要作用。矿物表面有序的原子排列可能在生命起源中发挥着多种作用：有些矿物催化氨基酸、糖和碱基等关键生物分子的合成；有些矿物质选择并集中这些小分子，以精确的位置和方向将它们吸附到表面上，并保护它们免受化学攻击；此外，矿物还具有将分子排列和连接成功能性膜和聚合物的潜力。

这些观点在与生命起源相关的文献中很常见，我们几乎想不出其他可行的替代方法。在没有矿物的情况下，分子之间很少相互作用，更不用说有效地结合了。在广阔的海洋当中，特别是在炎热的海底火山喷口附近，这些脆弱的分子更容易分解。矿物会选择、浓缩、保护和连接生命的分子原料。尽管这些观点看似合理，但却很少有科学家尝试通过严格实验来验证矿物在自然条件下的作用。

研究有机分子吸附在矿物表面的机制的实验，介于生物学和地质学之间，进行这些实验需要熟悉至少3个几乎没有交叉的专业领域，所以颇具挑战性。首先，你必须是水化学领域的专家，因为所有实验都必须在精确控制温度、成分和酸度的水中进行。其次，你还需要丰富的有机化学知识，尤其是掌握氨基酸和糖的复杂行为，它们会随着水环境的变化而改变它们的形状和化学性质。最后，你最好还是矿物学专家，特别擅长区分晶体表面复杂原子结构的细微差别。

很少有科学家能同时精研上述3个领域，但一位难得的年轻研究人员查伦·埃斯特拉达（Charlene Estrada）证明了她能够胜任这项工作。3岁时，她的父亲就带她看《星际迷航》，让她随着剧集的主题在空中摇摆，自那时起，埃斯特拉达就知道自己未来想探索宇宙。她的父亲是一名研究墨西哥裔美国人的教授，而且还是家中第一个获得博士学位的人，因此埃斯特拉达在未来从事学术研究似乎是注定的。"我想成为天文学家、古生物学家和考古学家，我最喜欢的玩具是磁铁、用橡胶制成的木星模型、双筒望远镜，还有鸡骨头（当然是消过毒的）。对我而言，只要有趣，就没什么是太奇怪或太可怕的。"她回忆道。

在埃斯特拉达随家人搬到亚利桑那州图森市后，她决定成为一名矿物学家，这里是世界上规模最大的宝石和矿物展的举办地。每年1月和2月的几周里，来自世界各地的数千名经销商会聚到这座城市，他们将展品摆放在帐篷、展厅或酒店房间里。每当这个时候，埃斯特拉达就会用平时攒下的钱去展会上买一些标本来收藏。在亚利桑那大学读本科时，她被鲍勃·唐斯的矿物实验室吸引，后来成为鲍勃的得意门生，也成为行业内崭露头角的专家。

2008 年的夏天，我见到了埃斯特拉达，当时她作为一名实习生加入了地球物理实验室，与我和迪米特里·斯韦尔杰斯基一起在矿物表面室工作。埃斯特拉达把晶体方面的专业知识与日益完善的水化学技能相结合，在短短的十周内便完成了一项氨基酸吸附在金红石（一种在水中特别稳定的氧化钛矿物）上的巧妙研究，她的研究为我们所有的矿物表面研究提供了一个基准。

埃斯特拉达夏天的工作相当于一场"试演"，在向约翰斯·霍普金斯大学提出的研究生申请如愿获批后，她很快继续与斯韦尔杰斯基一起工作，全身心地投入地球化学和表面科学的研究中。她发表了一篇又一篇的论文，阐述了在实验中发现的矿物与分子的不同组合，这些工作为矿物在生命起源中发挥关键作用的观点提供了支撑。

在一项值得关注的实验中，埃斯特拉达将相同浓度的 5 种氨基酸混合物添加到含有钙离子（海水的典型化学成分）和水镁石（一种含镁矿物，常见于海底，由新鲜火山岩与水接触发生蚀变所成）的溶液中。过去我们认为所有的氨基酸都会以类似的方式吸附到水镁石上，但埃斯特拉达却发现这 5 种分子中只有天冬氨酸能轻易地黏附在矿物表面。[16] 最令人意外的是，她发现钙离子能极大地增强天冬氨酸在水镁石上的吸附力。现在我们已经认识到，分子和离子之间的这种协同效应一定是生命起源的关键因素之一。

信息

科学是一座建立在科学本身基础之上的大厦。尽管埃斯特拉达所取得的进展只是构建这座大厦一角的小小砖块，但却为其他研究者的后续建造指明了道路。下一位加入我们团队的科学家是特蕾莎·福尔纳罗（Teresa Fornaro），她在比萨高等师范学校（毗邻比萨斜塔）获得了博士学位，并深入参与了附近的佛罗伦萨阿切特里天体物理观测台的研究项目，她是有望解开生命起源奥秘的新一代天体生物学家（astrobiologist）。福尔纳罗所接受训练的广度和深度是之前大多数年轻科学家无法比拟的，她是有机化学、矿物学、行星科学、地史学等多方面的专家，既能在表面科学实验室里操作精密机器，又可以利用复杂的量子力学计算矿物与分子之间的相互作用。

实际上，福尔纳罗完全不必踏入科学研究这个竞争激烈的行业。她本可以直接进入家族企业——一家位于意大利那不勒斯的顶级手工意面加工厂，为欧洲及其他地区的米其林星级餐厅供应数十种产品。但迅速发展的天体生物学让她疯狂，每每谈到自己的最新发现，她都充满激情，活力十足，她的自信和热情可以感染所有听众。

在埃斯特拉达研究的基础之上，福尔纳罗解开了生命起源的一个核心谜团：像 DNA 和 RNA 这样富含生命信息的分子的成因。许多研究生命起源的专家将 RNA 视为一种能够体现生命若干特征的独一无二的多功能分子。RNA 可以催化化学反应，加快核心的生物功能过程。RNA 还可以通过 4 种碱基（腺嘌呤、胞嘧啶、鸟嘌呤、尿嘧啶）携带信息。它可能拥有精确复制自我的能力（虽然尚未被实验证实），这也是生命自我复制的基本属性。因此，"RNA 世界"假说并不只是一个离奇的设想，尽管许多科学家试图推翻它。当前的问题是，没有人知道如何在一个看似合适的无生命环境中合成稳定的 RNA 分子，还有，RNA 的结构单元化学稳定性差，很容易在水中分解。

福尔纳罗聚焦水镁石和似乎不利于 RNA 形成和稳定存在的深海环

境，研究 RNA 的结构单元如何与矿物表面相互作用。[17] 她发现水镁石会选择性地吸附 RNA 的结构单元，保护它们免受水环境的分解作用影响，这一发现意义深远。她还发现，矿物表面使分子以一种可能有助于 RNA 自我组织的方式定向排列。

不可否认，上述每个实验都只是生命起源研究的一小部分，有关矿物与分子间的相互作用机理尚需数十年的研究。不过可喜的是，有越来越多信念坚定的科学家正在一个个实验中逐步取得进展。

———

上述这些研究揭示了关于生命出现之前的化学反应的一个重要事实。在常温常压下，用普通自来水进行仅有一两种化学成分参与的简单实验相对容易，但用于探究生命起源时，这种实验可能具有误导性。多种分子之间的合作和竞争效应，一定对生命的出现起到了至关重要的作用。我们的结论是，生命的复杂性在很大程度上源于地球化学环境的复杂性。生物分子砌块的选择、整合和合成似乎需要经历原子尺度上错综复杂的三维过程，查伦·埃斯特拉达和特蕾莎·福尔纳罗的实验已经开始揭露这些过程。

好消息是，多种多样的生物小分子、溶液中的化学物质和矿物表面之间发生的复杂反应，暗示了一条从地球化学复杂性演变到生物化学复杂性的路径。坏消息是，即使只探索上述复杂反应的一小部分，其困难程度都会让人望而却步。在生命出现前的环境中，物质的丰富性能让我们想出数十亿种可能出现的组合，每种组合都需要投入数月的艰苦实验才能了解其中的细节。

但有一件事可以确定，那就是我们的实验室在短时间内不会缺少可研究的课题。

第3步：自我复制系统的出现

　　生命起源的核心谜团在于，单个无生命且无效的小分子如何将自己组合成一个可以进行自我复制的集合体。单独的氨基酸、糖或脂质，即使经过精心挑选和浓缩，也不可能形成生命。这些物质必须以某种方式建立起越来越复杂的系统：它们构建信息丰富的聚合物，用柔软的膜将自己保护起来，并通过催化剂加速理想的化学反应，同时阻止产生竞争性分子。除了这些，最大的挑战是自我复制。

　　研究现代细胞的碳化学是探寻分子自我复制过程的一种途径，关键是找到最古老、最根深蒂固的分子合成途径，而这正是每个活细胞共享的最简单的化学反应过程。柠檬酸循环（三羧酸循环）就是这样一个原始的生化过程，它是细胞能量流动的一个重要步骤，学过高中生物的学生对此并不陌生。或许你已经了解到，这个循环始于生成富含能量的、分子中含 6 个碳原子的柠檬酸，其间会出现十几个连续的步骤，每一步都会释放一些能量以驱动细胞实现功能，同时会产生能够合成各种基础生物化学物质的分子。这种碳基化学循环存在于人体内几乎所有的细胞当中，为了加工你摄入的食物，这些循环每秒钟要进行数万亿次。

　　半个世纪前，生物学家发现一些原始细胞（primitive cell）学会了进行逆柠檬酸循环（逆三羧酸循环）。[18] 循环始于简单的含有 2 个碳原子的乙酸，它与 1 个二氧化碳分子反应产生含有 3 个碳原子的丙酮酸，随后向丙酮酸中添加二氧化碳便会生成含有 4 个碳原子的草酰乙酸。接下来还会发生 8 种化学反应，每次化学反应都会添加少量氢、水或二氧化碳来逐步构建更大的分子，直到形成含有 6 个碳原子的柠檬酸。

　　这种逆柠檬酸循环能够进行自我复制。将柠檬酸分解为 1 个乙酸分子和 1 个草酰乙酸分子，这样 1 个循环变为 2 个循环，继续下去，2 个变 4 个，4 个变 8 个，以此类推。这个过程带来的额外好处是循环中的许多中间化合物充当了制造其他基础生物分子的原料，例如可以用来构建蛋白质的氨基酸，可以构建复杂碳水化合物的糖，能够构建细胞膜的脂质，以及其他 DNA 和 RNA 的结构单元。

考虑到这种逆向循环的简单性和生物化学潜力，许多研究生命起源的科学家认为，逆柠檬酸循环或类似的循环在数十亿年前就成为第一个能够自我复制的系统。我们把这种化学的革新等同于真实的生命起源，我们正在进行的模拟早期地球环境的实验已经重现了这个循环的大部分（尽管不是全部）基本化学步骤。我们已经相当接近了。

无论推动因素是逆柠檬酸循环，还是会自我复制的 RNA 分子，抑或是其他尚未想到的复制系统，一个错综复杂的分子群以一种神奇的方式缓慢地进行相互作用。当一个无与伦比的创造时刻来临时，分子群便自发地开始自我复制。我们距离生命起源谜底的最大鸿沟是破译这种转变究竟是如何发生的：究竟有哪些分子参与其中？它们发生相互作用的顺序是什么？我们目前的无知程度没有西德尼·哈里斯（Sidney Harris）受欢迎的漫画里展示的那么糟糕——一位科学家在黑板上用潦草的字迹进行冗长而复杂的数学证明，"然后奇迹发生了"，他用这句话来给证明收尾。不过必须承认，我们离彻底理解生命起源仍存在一定距离，研究人员仍然在继续寻找一个简单且能自我复制的分子循环，并对第一个自我复制系统的本质展开激烈讨论。

从无生命的地球化学世界转变为有生命的世界，这一简明扼要的叙述听起来似乎很简单。但事实上，生命的出现经过了一系列有逻辑的化学步骤，每一步都增加了碳基分子网络的复杂性，最终产生了一个不断演化的生命世界。最先出现的是一些小的分子结构单元，然后是功能性的大分子，最后是可自我复制的碳基分子的集合。如果你每年都去参加在世界各地举行的关于生命起源的大型会议和小型研讨会，那么你将见识到很多科学家用复杂的图表和自信的语言来展示他们的最新数据和假设。而且，必须要声明的是，尽管我们已经对数十亿年前生命出现的过程取得了很多认识，但还有太多未知的、神秘的内容有待发掘。这就是为什么研究生命起源会如此有趣！

第二种起源：其他星球的生命[19]

数十亿年前，地球的岩石圈演变为生物圈，地球上的生命随之诞生。地球生命的统治范围逐渐从深海扩大到陆地和天空，生存策略也在变得丰富。

我们并不知道这个史诗般的故事是只发生在地球，还是无数次出现在银河系的其他星球上。地球生命是独一无二的存在吗？宇宙中生命的出现是必然还是偶然？哲学家们并不回避这些话题的探讨。获得诺贝尔奖的法国生物学家雅克·莫诺（Jacques Monod）对此持相当悲观的看法，他在 1970 年出版的经典著作《偶然性与必然性》（*Chance and Necessity*）中这样写道："宇宙没有孕育生命，生物圈也没有孕育人类……人类最终会知道，在无情的浩瀚宇宙中，他们是孤独的存在，他们在宇宙中的出现也只是偶然。"[20]

很多科学家，包括几乎所有研究生命起源的学者，都对这种消极观点感到不满——倘若这种观点成立，我们就是在实验室里浪费时间。比利时生物学家欧内斯特·肖芬尼尔斯（Ernest Schoffeniels）在 1976 年出版的《反偶然性》（*Anti-chance*）一书中对莫诺的观点进行了反驳。当时，他考虑了另一种哲学立场："鉴于地球上的条件和元素的现有性质，生命的出现和演化必然会发生。"[21] 这是一场有趣的辩论，但没有人知道真正的答案。

偶然性还是必然性？深刻的宇宙演变真的可以简化为如此明显的选择吗？或者用我之前的话说，会是简单的二元选择吗？宇宙中有大量系统在不断产生、演化，如恒星和行星、元素和其同位素、生命和有意识的大脑、社会和文化等，究竟哪些是必然出现的，哪些是偶然出现的？有这类疑问很正常，这个问题的挑战性甚至超过了生命起源。从地球化学向生物化学的演变是类地行星的固有特征吗？还是生命在宇宙中是罕见的？

这两种观点都缺乏确凿的数据支撑，在整个浩瀚的宇宙中，我们现有的证据只能证明拥有生命的世界只有一个，生命的起源也只有一个。除非我们找到生命的第二种起源（第二种独立的生命起源），否则我们永远无法确定生命是否是宇宙的必然产物。如果我们真的找到了，那么"零、一、多"的效应就会出现。简而言之，"零、一、多"指的是一个自然现象从来没有发生过（比如时间倒流），只发生过一次（比如大爆炸这样的"奇点"），或者发生过无数次（可能是生命起源）。

类地行星的组合丰富性

在实验室里研究生命起源的各种可能性时，实验会被限制在一定的时空条件——通常来说，一个典型的博士研究课题历时 3—4 年便可完成。实际上，在这样的限制条件下不大可能观察到的相关化学反应，在行星尺度的大背景下却又是必然出现的。

如果我们将生命起源视为一系列化学反应的结果（我个人倾向于矿物表面促进了这些化学反应），那么我们应该问，在生命出现前，地球上发生过多少这样的反应，答案简直是天文数字。类地行星拥有细粒黏土、火山灰沉积物、风化带和其他裸露矿物，它们的总表面积比该行星的理想光滑表面积要大数百万倍，这些矿物表面在数亿年里催化着分子反应。

相比之下，单个化学反应在微小的分子尺度上只需要几秒钟的时间便可发生。即使是一颗中等大小的行星，也可以通过尝试超过 10^{48} 次不同的化学反应来一次又一次地合成和重组有机分子。

这对生命起源研究的影响显而易见。由于实验室条件有限，一些要求严格或者需要若干反应物分子不寻常排列的实验可能永远无法进行。但若从行星的时空尺度考虑，这些反应可能是不可避免的。如果生命起源需要那些不太可能发生的化学反应中的一种或多种，那么我们可能很难在实验室里解决这个问题。

不过也不必绝望，还是有一些方法能增加在实验室中观察到不大可能发生的化学反应的可能性。我们可以逆向开展工作，从现代生物化学开始，聚焦关键分子种类及其反应产物。利用组合化学所带来的新方法并结合计算化学，我们有望快速缩小搜索范围。科学家们的化学和物理直觉也将继续在生命起源研究中发挥核心作用。然而，如果对生命起源的解释依赖某种极难发生的化学反应，而这种化学反应在类地行星上的无数次相互作用中才会发生一次，那么即使生命必定能起源于任何温暖、潮湿的陆地世界，理解与生命起源相关的化学细节可能也超出了目前实验室的能力。

无论生命是普遍存在于宇宙中的必然事物，还是只出现于地球的偶然事件，我们都有一个丰富而美妙的世界有待探索。碳基生命出现在大约 40 亿年前，在细胞基础上不断演化，每一次演化都为地球的动态碳循环增加了新的印记。

发展部
生命的演化（主旋律与变奏）

主旋律：生命演化

　　如果你能回到 40 亿年前年轻的地球上，你会发现她开启了孕育生命的第一步。如果你穿越深时，在地球表面零星漂浮的陆地碎块上漫步，或者在环绕地球的海洋中畅游，你可能难以察觉生命的微妙迹象。地球上最古老的微小细胞数量稀少，它们依附在位于阴暗的海洋深处的岩石上，这里的环境很大程度上帮助其躲避了频繁无情的太阳风暴。

　　地球化学演化的最初阶段（生命出现的关键时期）尝试并排除了大量的分子排列，直到一个特殊的分子联盟开始自我复制。从那一刻起，随着新的复制分子涌入环境，达尔文的"自然选择"理论应验。一些复制分子不可避免地发生了突变，如氧原子取代硫原子（或反过来）；碳原子簇以新生的支或环的形式起到连接作用；还有其他自发变化引起原子组合结构的改变，如褶皱、扭曲和扭结。大多数随机突变没有多大影响，另一些却是致命的。但分子的变异偶尔也会带来一些好处，如提高自我复制的效率，形成不易损害的分子循环，或使分子能够在更严苛的温度或酸度条件下生存。

演化是主旋律，是强大的自然选择过程的结果。查尔斯·达尔文在一个半世纪以前就意识到，生命系统的演化归结于我们每天都能观察到的 3 个生命特征。[22]

达尔文提出的第一个特征是，每个物种的个体都有差异，世界上没有两棵完全相同的橡树、两朵完全相同的蘑菇或两个完全相同的人。我们现在知道，这些差异远远超出了生物表面能看到的大小和形状，而是可以深入到数千种蛋白质的根本差异，而蛋白质是生命的基础分子。

所有生命形式的第二个特征是，出生的个体比最终存活到成年的个体要多。每年秋天散落在地上的大量橡子和每年春天弥漫在空中花粉，都充分印证了这一点，而这一真理通过我小学三年级的一次"展示和讲述"（show-and-tell，学生自带物品到课堂讲述的活动）永远铭刻在我的脑海里。当时，我就读于俄亥俄州费尔维尤公园的加内特小学。我经常会随身携带在附近的罗基里弗公园收集到的一些奇怪的化石或矿物，但有一次我发现，一根树枝上附着了一团奇怪的茧状物。那天早上晚些时候我才会开始做展示，所以我就先把附着茧状物的树枝放在了我的书桌上，之后就忘记这回事了。

几个小时后，当我打开书桌时，我的第一印象是某种黑色的液体溅到了我的书上。凑近仔细一看，竟然是成千上万只小螳螂在爬。它们爬得到处都是——在我的书本上、铅笔上，还有我此时已经不能吃的午餐上，乌压压的一片。看到阳光后，它们蜂拥而上，越过金属桌沿，落在地板上，还有我的裤腿上。我尖叫起来，其他同学闻声而至，他们也开始尖叫，很快教室就陷入一片混乱。一位勇敢的清洁工挺身而出，拿着一把真空吸尘器过来救了我们，但大家仍然过了一段时间才镇定下来。兴奋过后，大家一致认为这是"最好的展示和讲述"！不管怎样，这都完美地印证了达尔文的第二个假设特征。

达尔文提出的生命演化的第三个关键特征也同样明显，那就是个体倾向于将能够增加生存可能性的特征传递给下一代。假如一种植物的耐寒性和耐旱性强，它就会更易存活和繁殖；假如一种动物的伪装能力更强或者智力更高，它成功繁衍后代的可能性也会更高。总之，只有优质特征才会最终胜出。

鉴于生命的这3个基本特征，只需要一代又一代（很长时间）的演化，生命就会演变成具有更强生存和繁殖能力的新形式。这就是自然选择的本质。

一旦第一个细胞形成并开始分裂，细胞与其环境之间愈发复杂的相互作用就会在陆地、海洋和空气中产生新奇的东西。地球生命在演化过程中出现的6种截然不同的"变奏"证明了地质环境和生物新颖性之间的相互作用。最初的生命形式是用倍数最大的显微镜才能看到的单细胞，它们几乎完全依赖岩石的化学能，这对应着第一次变奏。第二次变奏发生在自此10亿年后，那时更高级的细胞开始收集阳光作为一种新的能量来源。第三次变奏始于大约5.75亿年前，多细胞生物开始出现，这是一种新的生存策略。

此后不久，一场生物军备竞赛造就了第四次变奏，矿化的牙齿和爪与全副武装的贝壳和骨头相互竞争。第五次变奏发生在植物和动物冒险进入陆地时，它们创造了我们大多数人现在认为的地球特有的绿色景观。最近出现的第六次变奏对应着人类在地球多变的生物圈中发挥主导作用。每一次变奏都会使营养补给和维持生命的方式出现新的改变。实际上，每一次演化变异都是对能量的探索，而且每一次变异都改变了近地表储库之间碳循环的方式。

变奏 1：微生物吃矿物质[23]

碳原子是生命的核心所在，而能量则驱动着生命过程。我们相信，与生命起源相关的化学反应是以碳为中心的，因为碳是当今几乎所有生物分子的核心，而且没有其他可以替代的元素。关于生命的能量来源的问题则要微妙得多，貌似合理的答案范围也更大。今天地球上的大多数生命最终都通过光合作用直接或间接地从太阳获得能量。但是，收集阳光并将其转化为化学结构是一项复杂的工作，相应地，这需要细胞进行创新的、更加复杂的演化过程。今天地球上最原始的单细胞生物通过"吃"矿物质这种更简单也更古老的方式来获取能量。

我们需要一个非传统的视角才能弄明白为什么矿物能成为食物，地球生物学家保罗·法尔科夫斯基（Paul Falkowski）对这一问题非常感兴趣。[24]法尔科夫斯基属于美国婴儿潮的那一代人，在纽约市出生并长大，他回忆起 20 世纪五六十年代在哈莱姆区附近长大的经历。工人阶级的法尔科夫斯基一家勉强维持着生计，法尔科夫斯基的父母对科学都不是很感兴趣，但他们鼓励儿子探索自然。在法尔科夫斯基 9 岁的时候，父母送给他一台显微镜（这是一份奢侈的生日礼物），并且平时定期带他去参观美国自然历史博物馆，许多科学爱好者去过一次就会疯狂地爱上这个博物馆。法尔科夫斯基居住的公寓大楼里住了一对年轻夫妇，他们都是哥伦比亚大学的生物学研究生，在他们的鼓励下，法尔科夫斯基找到了他的毕生所爱——对热带鱼及其复杂的封闭生态系统进行培育和研究。

即使在今天，他在罗格斯大学的办公室和实验室里仍养着各种各样、五颜六色的鱼和珊瑚。

法尔科夫斯基在离家不远的地方接受教育，先是就读于布鲁克林技术高中，后来又去了纽约城市学院读大学。在短暂地学习哲学和逻辑学并以优异的成绩完成物理、数学和化学等必修课程之后，他发现自己真正想从事的是海洋学研究。纽约城市学院当时开展了一个项目，在 90 英尺（27.4 米）长的大西洋双体船（Atlantic Twin）上对哈德逊河和纽约港的水和微生物进行采样，当时还是大四学生的法尔科夫斯基尽可能地承担了很多志愿者工作。

名义上，法尔科夫斯基是一位正式的海洋学家，他拥有不列颠哥伦比亚大学的博士学位，在海上度过的日子以月计算，包括去南极西部和马尾藻海的旅行。然而，他却享受着一种非常特殊的研究道路。他在位于纽约长岛的著名的物理研究中心布鲁克海文国家实验室工作多年，并在新泽西州的罗格斯大学担任地质学教授。作为一名如饥似渴的读者，他看到了其他人错过的自然界中存在的联系。

法尔科夫斯基最深刻的见解之一是他认为地球就像一个巨大的电路，而生命的作用很可能就像你阅读这本书所需要的灯泡一样重要。[25]他的意思是每个电路都有 3 个基本组成部分：第一，必须有可靠的电子来源，因为电流只不过是流动的电子；第二，一定有某种供电子通过的导体；第三，一旦电子移动起来，就需要一个地方来存储所有电子。通过从最宏观的角度观察这颗行星上的海洋、大气、岩石和生命，法尔科夫斯基认识到，所有的电路组成部分都在其中。电子通过火山喷发来到地球表面，特别是海底火山携带着来自内部深处的富含电子的铁原子。从这个意义上看，岩石就相当于电池的负极。

在法尔科夫斯基看来，海洋是全球电路中的"电线"，它们引导电子远离富含电子的岩石。最终，这些电子会进入富含氧气的大气，大气类似于电池的正极。喷发到海底的新火山岩是一种电势能，这种能量有待被利用。

我们现在来谈谈以矿物质为食的微生物。更准确地说，应该是当矿物与周围环境相比拥有过多或过少的电子时，会形成化学不平衡（就像在电池中，大量电子已经准备好流动），这种不平衡正好被微生物利用。例如，富含铁的橄榄石会从地球内部被喷发活动带至地表环境，微生物参与其中，实际上相当于把自己插入电流中，并使周围的环境出现短路，电能充当了微生物的免费午餐。在这个过程中，橄榄石逐渐被消耗，并在原来的位置上形成新的矿物质。

地球上最早的生命通过寻找与周围环境失去化学平衡的矿物来勉强维持生计。这些微生物生长在矿物表面，充当催化剂，加速化学反应，形成新矿物以取代旧矿物。事实上，几乎所有最早期细胞的痕迹都已从化石记录中消失了，古老的微生物"盛宴"留下的唯一实实在在的产物，是独特而典型的矿物沉积分层。

这些维持生命存在的矿物与微生物的相互作用，其秘密在于许多金属元素能够以不同电子数的化学形式存在。最常见的例子莫过于铁，在火山喷发的熔岩中，大多数铁都处于 +2 价状态，它们给周围的原子提供了 2 个电子。但在氧或其他需要电子的元素存在时，+2 价铁可以再释放 1 个电子及少量能量，然后保持在 +3 价状态。

寻找可靠能源的原始微生物学会了让铁离子从 +2 价向 +3 价转变，并在这个过程中将一层层红色氧化铁（铁锈）沉淀到海底。事实上，世界上最大的铁矿、锰矿、铀矿和其他有价值的元素矿藏，都是在无数消耗矿物质的微生物的作用下一个原子一个原子地形成的。

在随后的数十亿年里，生物个体学会了很多吸收能量的新办法，但利用岩石获取能量的古老过程一直持续到现在，成为全球电路的组成部分，增大了地球电子流动的速度和范围。

异常丰富的地下深处生命

有一个值得注意的事实：在地球上的几乎任何地方，沙漠或森林、陆地或海洋、赤道附近或北极圈以内，你只需打一个 1 英里（1.6 千米）深的洞，便会有几乎 100% 的概率发现微生物。虽然它们不会有很多细胞，也不复杂，在高倍光学显微镜下只表现为一些几乎看不到的小球或小棒，但你的确会发现一些活细胞。这个隐藏的生物圈几乎完全由上述那些消耗矿物质的微生物的后代组成，这为地球上最古老的获取能量的方法提供了令人信服的证据。

岩石圈和生物圈的协同演化过程在地下的深层区域体现得最为明显，在那里，岩石和深层循环的水是唯一的能量和养分来源。在过去的十几年间，随着"深层生命普查"（Census of Deep Life，深碳观测计划的核心内容之一）的展开，深层微生物圈的研究日益成熟。这次普查记录了全球各地地下微生物群落的分布，其中大部分来自岩心和矿井深部。

微生物钻探是一个奇怪的概念，但它已成为世界各地一些骨干科学家热衷的事业。他们冒险前往大陆上的偏远地区，比如阿曼、斯堪的纳维亚山脉和非洲沙漠等地，累计带回来数英里长的圆柱体岩心。为了寻找和描绘稀少的地下细胞种群，他们的足迹遍及非洲和南美洲的赤道地区以及北极圈，深入每个海洋和数十个湖泊的泥底。他们必须小心谨慎地避免表面污染，因为即使是微小的地表水滴都会淹没任何来自深处的生物信号。

罗得岛大学的海洋学家史蒂文·东特（Steven D'Hondt）发现了大量深层微生物，远不止他公开发表的那部分。东特留着一头蓬乱的头发，笑容自然而灿烂，他给人的第一印象是从事科学研究一定很有趣。和我们很多人都一样，他很早就迷上了科学。"我对地质学和古生物学的兴趣，始于我 7 岁生日时父母送的便携式矿物学工具包。"他回忆道，"里面装了一本关于岩石和矿物的手册，几种简易的鉴定工具——条痕板、放大镜和酒精灯，还有一堆待鉴定的未知矿物。"酒精灯可能不符合 21 世纪的安全要求，但是史蒂文笑着说："我尽力做到了不去烧掉任何重要的东西。"

并不是每个人都赞同东特在小学时的这个兴趣。"在接下来的几年里，我不得不把地质学、生物学和天文学教科书偷偷借出学校图书馆，再偷偷还回去，因为图书管理员觉得它们与我的年龄并不匹配。"不过他并没有被困难吓住，继续满怀热情地追求科学，最后获得了斯坦福大学的本科学位和普林斯顿大学的博士学位。

东特把整个职业生涯都用在探究不同地质时期生命与地球之间复杂的相互作用上。在浏览了过去 1 亿年的化石和化学记录后，他越来越清晰地意识到，海洋在不断被生活在海底沉积物中的微生物的代谢活动所改变。他回忆道："我意识到，对深层生命的研究为了解生命的极限和微生物对地球的影响提供了一个特殊而新颖的机会。"

2002 年冬天，东特担任大洋钻探船"乔迪斯·决心号"（JOIDES Resolution）的联合首席科学家。在东太平洋进行的钻探对深层生命研究具有先驱意义，毫无疑问，深层生命是地球生物圈中一个多样、丰富、却又在很大程度上被忽视的领域。

随后的研究结果为我们带来了深刻的洞见和令人震惊的认知——地球上的生物圈不管在陆地上还是海洋中都延伸到了地表以下的深处。我们现在知道，深层生命在地壳的化学演化中起着关键作用，它们在全球范围内分解岩石、循环养分。

深层微生物世界的存在冲击了传统的生态系统观念，东特形象地将其称为"深部僵尸圈"，因为地下微生物几乎什么都不干（仅仅是活着），它们很少移动，基本不繁殖，并且还存在于一个不可思议的时空尺度里。深层生命繁衍的速度慢得难以想象，细胞繁殖率可能低至每 1 000 年一次。地下生态系统中的微生物群落平均能够生存数百万年，却几乎什么都不做，所需能流（energy flux）的强度比地表世界小几个数量级。最深处的生命位于地下 2 千米以下，那里可能每立方厘米（大约是 1 块方糖的体积）只有一个微生物，相当于我们人类世界里每个人之间的平均距离为 400 英里（644 千米）。

深层生物圈被称为"新达尔文加拉帕戈斯"（new Darwinian Galápagos），因为存在于深层的孤立的微生物种群，就像加拉帕戈斯这个孤立岛屿上多样化的"达尔文雀"，为研究微生物的演化、多样性和分布提供一个天然实验室。深层生命演化缓慢，种类稀少，然而若整合所有海洋和大陆以下 1 英里（1.6 千米）或更深处的微生物，这个总量将是惊人的。

当想到这个神秘且深邃的生物圈时，你可能会疑惑，这里面究竟隐藏了多少生命？地下细胞中包含了多少碳？生物圈能延伸到多深？"深层生命普查"目前已经探测了 1 200 多个地下区域，有些区域深达 2 英里（3.2 千米），获得了大量有关深层生命的多样性和生活方式的数据。随着我们对深层微生物圈的认知不断扩大，一些发现也引起了人们的关注，例如，深层生物圈的范围非常广泛。几年前，我们发现了很多来自大陆边缘的富含微生物的海洋沉积物样品，整个地下生物圈的规模看起来似乎足以与地表生命相媲美，几乎等于所有的树木、草、蚂蚁和鲸鱼的总和。即使在超过半英里（0.8 千米）的深处，每立方英寸（16.4 立方厘米）的近岸沉积物也通常含有 100 多万个微生物。当大量浅层地下沉积物被整合在一起时，其中微生物的数量会非常庞大。

对更远地区的测量结果显示，深海中每立方英寸的微生物比其他地方的微生物要少得多，因为这些地区的海洋沉积物离营养丰富的海岸线很远。然而，对隐藏的深海微生物种群的修正结果显示，它们有 6×10^{29} 个细胞，占地球总生物量的 10%—20%，这是地球碳循环中的一个小而无限迷人的部分。

生命在深处生存至少面临着 3 个艰巨的挑战：压力、温度和能量。事实证明，压力并不是很大的限制。大约 20 年前，出于好奇心，我和我的同事对大肠杆菌的培养物进行了压缩实验，这是一种人们很熟悉的肠道微生物。[26] 我们借助了研究地球深部含碳矿物时所用的金刚石对顶砧，不过这次我们在样品室里装满了水、营养物质和活的微生物。我们原本打算把压力提高到大约 2 000 个大气压，这大约是最深海沟处压力的 2 倍，但是过度转动导致压力飙升到 1 万多个大气压，相当于地下 30 英里（48 千米）处的压力（这在高压实验中都是让人惊讶的时刻）。不可思议的是，这些微生物居然存活了下来。通过这次实验以及随后多次更可控的实验，我们认为地球上的微生物生态系统不受压力的限制。

如此极端的压力引发了我们的思考：生物分子对精确的分子形状非常敏感，它们怎么能在高压条件不被压碎呢？在某些情况下，巧妙的碳化学起了关键作用。在低压下，细胞膜由直的碳骨架分子阵列形成，这些分子很容易并排排列，就像盒子里未经烹饪的意面。细胞膜可以实现有效包裹，但也有足够大的间隙，使必需的营养分子得以从中穿过。

但在极端压力下，这种排列会变得过于紧密，维持生命的养分将无法穿过细胞膜。因此，高压下的细胞膜采用了弯曲的碳骨架，每个弯曲的分子都会进行几次弯折。当并排排列时，它们会像弹簧一样扭曲以适应高压，这样不仅能为营养分子提供通道，同时它们本身也不会被压到一起。

温度则是另外一回事了。鉴于液态水与生命的关系，或许你会认为水的沸点——100 摄氏度就是生命的绝对极限了，然而压力会提高液态水的稳定性，海底最深处火山口的水温可超过 280 摄氏度。另一个更基本的限制是蛋白质的分解，有些蛋白质在大约 127 摄氏度时会分解。这个温度足以让你烧伤起泡，但一些顽强的微生物可以在这种极端高温下存活。目前，一种较为普遍的观点认为 127 摄氏度是细胞生命的极限。

地球的温度和压力分布是相互关联的：越往深处去，压力越大，温度也越高。在一些"热点"地区，比如美国黄石公园或冰岛的热液区，只需要下降几米，就可以超过生命的极限温度。但在远离任何火山活动的较冷的大陆地区，地壳深度每增加 1 英里（1.6 千米），温度升高不到 12 摄氏度。因此，一些微生物生活在地表下超过 10 英里（16 千米）的地方的说法也是合理的，尽管当前的钻探技术还不能达到这样的深度并获得岩石样品。

深层微生物存活的第三个困难是寻找可靠的能量来源。许多深层微生物被限制在一小簇水中，有时甚至会与世隔绝数百万年。在那些充满液体的空腔中，矿物颗粒所含的化学能早已被耗尽，但最近有研究发现了另一种出乎意料的能量来源——放射性。每块岩石都含有微量的放射性铀，也许每 100 万个原子中就有 1 个铀原子。铀的能量衰变极其缓慢，其同位素最长的半衰期（放射性原子核数衰变掉一半所需的统计期望时间）可长达 45 亿年，其衰变会放出 α 粒子。岩石中含有非常多的铀原子，因此缓慢而稳定的 α 粒子流遍布整个地下区域。当 α 粒子撞击水时，它可以将水分子分解为氢和氧，二者是微生物的绝佳食物。放射性并不算是一个非常大的能量来源，但它足以让一些微小的微生物群落存活亿万年。

作为一名矿物学家，我被这样的观点所吸引：生命的故事与矿物王国密不可分。岩石和矿物可能是生命能量的起点，但另一种更有前景、更可靠的能源在发出召唤，于是，生命学会了依靠太阳光生存。

变奏 2：生命学会从阳光中获取能量[27]

在 10 亿年或更长时间里，地球原始的水生微生物，包括生活在地表的细胞和更深层的细胞，在碳循环中的作用是微不足道的。地球的总生物量非常少，仅限于微小、稀疏的微生物"涂层"，它们的分布主要由暴露在海水中的新鲜火山岩的化学能决定。这种情况即将改变，因为生命发现了方法去开发更大的能量来源——太阳光。

光合作用是一项伟大的生物创新。我们今天所知的光合作用的核心过程，是利用简单的原料——水分子和二氧化碳分子，再加上阳光中的能量，来制造生命所需的各种分子产品（以及重要的气体氧气）。撇开复杂的细节不谈，这个过程代表了一种全新且高效的碳循环途径。

光合作用依赖于太阳的光波或"光子"的一个特性：光子携带能量，而且波长越短，能量越大。更重要的是，这些能量可以通过吸收过程从光子转移到原子上。但是，就像金凤花姑娘和三碗粥的故事一样，其中有一碗粥处于最佳点，既不太热也不太冷。为了引发生物学的关键化学反应，生命需要吸收适量的能量来控制电子在原子之间的移动。

原子很容易吸收红外光子，其波长比可见光更长（因此能量更低）。红外线可以使原子的摆动速度变快，这就是我们感觉到的热能。当你感受到太阳的温暖或炽热的光线时，说明你的皮肤正在吸收红外线，皮肤因此升温。如果一个物体是黑色的，那么上述效果会被放大，正如你在阳光明媚的夏日赤脚走在沥青路面上时所体验到的那样。然而，只有能量最高的部分红外光子——那些波长接近可见的红光的红外光子，才拥有足够的能量在原子之间移动电子，从而驱动生物反应的发生。[28]

在光谱的另一端，紫外线具有比可见光更短的波长，因此具有更大的能量。这些具有潜在危险的光子有充足的能量将一些电子完全从原子中分离出来，这一过程被称为"电离"，可以破坏原子键和关键分子。如果你曾经遭受过严重的晒伤——分子被破坏导致皮肤细胞死亡，那说明你已经感受过紫外辐射引起的电离作用的威力了。具备破坏性的紫外线光子因拥有太多的能量而无法满足大多数生物的需求。

可见光的光子位于最理想的中间状态，尤其是那些接近光谱中能量较低的红端的光子。当像绿色植物中的叶绿素这样的原子簇吸收红光光子时，它们的电子就跃迁到激发态，这些电子可以从一个原子跳到另一个原子，形成新的化学键。光合微生物就是利用可见光光子和近红外光光子的这种偶然属性来为生物提供动力的。

难闻的生命

最早的光合作用出现在 30 多亿年前，与你在教科书上看到的利用二氧化碳和水的光合作用不同，第一批利用太阳能的细胞使用的是其他化学物质，例如恶臭的有毒气体硫化氢（火山的常见产物）。这些"绿色硫细菌"采用一种被称为"光系统 I"的光线收集过程来吸收来自太阳的红光光子并移动电子。

在这个过程的第一步，绿色素释放一个电子，然后电子移动到其他原子上去。保罗·法尔科夫斯基在其关于微生物的著作《生命的引擎》（Life's Engines）中引入了一个巧妙的比喻，他指出，电子在原子之间的穿梭就像通勤高峰时段人们在地铁站之间的穿梭一样。把你自己想象成一个在叶绿素上等待转移的带负电的电子，电子之间相互排斥，因此你不会自愿从舒适的分子平台跳上装满其他电子的地铁车厢。但是，如果一个穿制服的车站工作人员推你一把（在一些国家就是这样！），那么你可能会发现自己已经被挤入车里，而且至少得乘一两站，才能到达一个不那么拥挤的分子平台上。

红光光子以类似的方式提供能量，暂时将电子从色素移动到其他原子上。随着电子的消失，色素发现自己带正电并需要另一个电子，而这个电子可以在光合作用的过程中从一个金属原子中获取；同样，金属原子又可以通过一系列化学反应从硫化氢中窃取另一个电子，而硫化氢则分解为氢和硫。最终的结果是，这些反应产物为生命提供了极好的化学燃料。

不容忽视的是，为了享受到太阳提供的免费午餐，其他微生物演化出一种完全不同的生化途径——"光系统 Ⅱ"。这些微生物，包括所谓的"紫色硫细菌"，会吸收能量稍高的光子来转移电子，但最终结果是相似的。电子在一连串的反应中移动，最终分裂硫化物并产生生命燃料。

尽管上述绿色硫细菌和紫色硫细菌在 30 多亿年前就出现了，但直到现在它们仍然生存在与世隔绝的水下群落中。你可以在深水或死水中找到它们，在那里阳光可以透入，但绝对没有氧气——对这些原始微生物来说，氧气可是一种致命的毒素。然而，这两种原始细胞带给地球最持久的意义不在于它们如今的稀疏分布，而在于一项引人注目的演化创新，即将它们吸收光的两种不同方式联系起来，形成现代两阶段的光合作用。

水动力

硫化物可以为绿色硫细菌和紫色硫细菌提供充足的化学燃料，至少从 35 亿年前开始，有适应力的微生物族群就利用硫化物和单光子的红光从太阳中获取能量。然而在地球表面，硫化物并非无处不在，硫和氢的能量也不是地球所能提供的最好的能量。

水是一个更好的选择。水，也被称作氧化氢，不仅比硫化氢丰富得多，而且能以氢和氧气的形式继续提供生物燃料，从而产生更多的能量。水是地球生命的终极燃料，但这里有一个挑战——分解水比分解硫化氢所需的能量更多，单个光子无法解决该问题。经过 10 亿年的反复试验，一种幸运的微生物最终发现了产氧光合作用（oxygenic photosynthesis）的两步过程：光系统 I 和光系统 II 的协调组合。这一系列吸收光子的过程提供了将水分解成氢和氧气所需的额外能量。

活细胞在水分解后的级联反应中茁壮成长。最重要的是，氢和二氧化碳分子形成了葡萄糖（剩下的是未使用的氧气分子）。葡萄糖分子通过坚固的链结合在一起，形成纤维素，纤维素是绿色生物质的主要成分，因此纤维素也成为地球上最丰富的生物分子。现代地球生物量的一半都是纤维素，它存在于茎和叶、根和树枝、草和树干。纤维素迅猛扩张的影响是深远的。数十亿年前，当光合细胞吸收阳光时，大气中的二氧化碳成为活细胞的原料。空气和水中的相关成分逐渐转化为大量绿藻，堵塞了浅海环境。当时大气和海洋的含氧量逐渐上升，而富含碳的生物质沉到底部，被逐渐掩埋。

20 多亿年前，地球达到了一个临界点，发生了"大氧化事件"（大气中的游离氧含量突然增加的事件）。当时碳和氧相互交织的加速循环使地球走上了通往现代世界的道路。虽然我们依赖于富含氧气的大气，但我们很容易忘记，氧气只是光合作用的一种副产品，在很长一段时间里并没有对生命演化发挥进一步的作用。

相比之下，大氧化事件确实在地球圈层的演化过程中发挥了显著的作用。20 亿年前，大气中的氧气占比已经变得更大，可能达到目前水平的 1% 或 2%。许多岩石开始与腐蚀性气体发生反应，产生了大量地球上（或太阳系的其他任何地方）前所未见的新矿物。[29]

在大氧化事件发生之前，大多数矿物以金属原子为特征，而金属原子处于更具还原性、富含电子的状态。相对常见的金属元素（如铁和锰）以及大量稀有金属元素（如铜、镍、钼和铀）当时都集中在不到几百种矿物中。涌入大气的大量氧气改变了这种情况——氧气吞噬它所能找到的每一个电子，数千种新型矿物质随之出现。

我和我的同事估计，地球上的矿物有三分之二是在产氧光合作用的直接影响下产生的，包括世界各地的自然历史博物馆中展示的许多最受欢迎的彩色水晶。大多数铜矿物也是在大氧化事件之后才出现的，包括深绿色的孔雀石、深蓝色的蓝铜矿和半宝石绿松石。在大约 300 种铀矿物中，90% 以上（其中许多是亮黄色和橙色的晶体）也是光合作用的间接结果。经历了新演化过程的地球近地表化学环境也促使含碳矿物的多样性爆炸式增长。

地球的矿物演化如此直接依赖于生物演化，这有点令人震惊。它是对几十年前传统观点的彻底否定，很久以前我读矿物学博士时的导师曾告诉我：“不要去上生物学课，你永远不会用到它的！”

变奏 3：大型生命出现 [30]

闭上你的眼睛，想象“生命”这个词。

我敢打赌，你想到的肯定是一些比较大型的生命，可能是你的猫、一朵花，或者喂鸟器上的鸲鹟。个头更大的生命可能也会浮现在脑海中，比如一棵你最喜欢的树、一只熊猫，或者一头大象。从挪亚方舟上的“动物园”到现代城市动物园，魅力非凡的巨型动物往往会受到最多的关注。但在地球漫长而复杂的历史背景下，这种对于生命的看法其实是高度扭曲的。

起码在地球历史的前四分之三的时间里，"生命"完全是由大部分隐藏在地下深处的微小细胞组成的，只是偶尔会以叠层石或难闻的绿藻丝团的形式出现。你需要一台功能强大的显微镜才能了解那个古老的生物世界。今天的生物圈充满了各种会游泳、爬行和飞行的物种，这是一种相对现代的革新，但这仅代表了地球丰富演化过程中大约 10% 的历史。这个事实也带来了一个疑问：为什么细胞在独自成功生活了 30 亿年后，会开始以这种方式合作，从而形成大型生物体呢？

最简单的答案是，任何细胞都很难独自制造或吃掉生命的每一个必需分子，难以保护自己免受其他虎视眈眈的细胞的伤害，难以一代又一代地精确复制。这就是为什么自然界最原始的单细胞生物通常生活在复杂群落中，在这个所谓的"联盟"里，不同种类的细胞承担着各自独特的化学角色。微生物联盟策划了一场场精美的电子舞蹈，总是在供体和受体之间传递电子。有些微生物从太阳中获取能量，而其他微生物需要从它们邻居通过光合作用所产生的化学物质中获取能量。许多联盟成员演化出专门的化学技能，为其他细胞生产少数必需的生物分子。因此，联盟中的细胞变得完全依赖它们的邻居来生存。

这些聪明的细胞群的运行模式与我们以能源驱动的经济没有什么不同。一些人通过挖煤、种植食物、收集太阳能或利用风来获得能源，其他人则专注于制造有用的产品，比如汽车、衣服、房子、音乐，并用这些产品换取能源。同样，细胞联盟由许多细胞组成，每个细胞都是独立的承包人，发挥自己特定的作用，这基于其独特的遗传特性和内部化学性质。

协同合作

最晚在 15 亿年前，这种细胞合作的过程出现了一个引人注目、全新、有影响力的改变。当时出现了一群被称为"真核生物"（eukaryote，由真核细胞构成的生物）的相对较大的单细胞生物，其内部结构具有很多特点。[31] 它们拥有"细胞器"（有点类似于人的重要器官），包括容纳细胞DNA 的细胞核、充当细胞动力站的线粒体，以及可以将光转化为富含能量的糖的捕光叶绿体。一些生物学家将真核生物的兴起视为生命史上最重要的革新，因为它为细胞们提供了一种内部能源，使它们变得多样化，并以一种前所未有的方式进行合作。

真核细胞的这种新的复杂结构是如何出现的？线粒体和叶绿体提供了关键线索。它们有自己的膜和DNA，并能进行自我复制，就好像它们是生活在较大的真核细胞中的独立细胞一样。当今科学界的共识是，当一个较大细胞吞下一个或多个较小细胞时，它就会变成真核细胞。"客人们"（较小细胞）并没有被较大细胞消化，它们之间反而建立了新的合作关系。

尽管这一观念现在已被广泛承认，并以精美插图的形式重现在每一本生物学入门教材中，但它不是一开始就被人认可的。有大约 20 年的时间，生物界一直对"共生起源"（symbiogenesis）的想法嗤之以鼻。这一概念性突破最著名的拥护者是才华横溢却富有争议的生物学家林恩·马古利斯（Lynn Margulis）。1967 年，马古利斯宣扬这个概念的论文被拒绝了十几次，她的基金申请也遭到了拒绝，其本人也受到严厉的批评。[32]

这些早期对该学说进行激烈批评的人，部分原因是感知到了这个理论对确立已久的"进化论"（演化论）的威胁。达尔文的自然选择学说认为，进化需要无数个微小突变带来渐进式改变，然后在不同群体中进行选择性筛选。在 20 世纪版本的达尔文主义中，这些突变完全来自DNA

的遗传变异。与此形成鲜明对比的是，"共生起源"学说认为，新的生命形式有时是由两个完全不同的物种合作兼并而产生的。有一段时间，人们陷入了痛苦的僵局，只有找到线粒体和叶绿体中的 DNA 并发现这些细胞器曾经是独立细胞的明确证据，才能打破僵局。

然而，即使生物学界开始接纳真核生物的"共生起源"学说，并授予马古利斯几十个奖项、勋章和荣誉学位，但她还在挑战极限。她认为，共生是生命演化的主要驱动力，遗传变异主要来自细胞间 DNA 的转移，而不是突变。她在宣传自身观点的同时，还攻击了新达尔文主义者，用她的话来说，他们"沉浸在对达尔文学说的动物学的、资本主义的、竞争性的及成本效益的解释中"。[33]

在马古利斯看来，到处都可以看到共生演化的路径，比如在白蚁、奶牛、树木和人类身上。对地球上的几乎每一种细胞，她都会怀着深切热情并拿出大量解剖学和分子数据来争论，探讨这种细胞是否严重依赖于与其他细胞群的合作。如果没有专门的器官来储存消化纤维素的微生物，白蚁和奶牛就会死亡；如果没有庞大的根与真菌的共生网络（更不用说土壤微生物的多样性了），树木就会死亡；如果没有丰富的肠道微生物群落，我们也会死亡。事实上，马古利斯在这种新的共生背景中构建了整个自然，正如盖娅假说（Gaia hypothesis）所认为的，地球本身便是一个自我调节系统。

2011 年，就在马古利斯因中风而去世的前几周，我在她位于阿默斯特的家中和她会面，当时她在那里担任马萨诸塞大学地球科学教授。马古利斯身上有一股自然的力量，她有着强烈的好奇心，总是质疑传统，并创造性地重新定义自然。她的探索中有一种未经过滤的快乐，我很清楚地感受到，她只是想知道自然是如何运作的，并拒绝接受对复杂问题的传统解释。

马古利斯的家毗邻艾米莉·迪金森[①]（Emily Dickinson）在阿默斯特的故居，当我们边走边谈时，她有时会停下脚步打断自己，朗诵几句迪金森精练的诗句，并指向诗中提到的某条狭窄的小巷或一排灌木。马古利斯邀请我去阿默斯特的部分原因是讨论她日益坚定的信念，即共生演化可以扩展到地球圈层中以前未被考虑的方面。这次谈话在某些方面预见了矿物演化的核心思想，尽管我当时没有意识到这一点。如果我当时能和她分享这些想法就好了。

谜语变奏[34]

在地球元古宙（距今 25 亿—5.7 亿年）的很长一段时间里，真核细胞一直过着孤独的生活。而在当今充满活力的生物圈和 10 亿年前那个强大的微生物领域之间，有一个短暂而神秘的新奇时期——埃迪卡拉纪（Ediacaran Period），第一个复杂的多细胞生物正是出现于这个时期。与硬壳动物相比，软体动物形成化石并在岩石中保存下来的机会要小得多。尽管如此，蠕虫和水母化石在世界各地的细粒缺氧岩石中都有发现，在这些岩石中，死去的生物个体更有可能被"木乃伊化"。

目前发现的最早的大型软体生物化石出现在大约 5.75 亿年前的岩石中，这比具有矿化壳的动物大量出现的时间早了将近 3 500 万年。这些奇怪的、圆形（叶状）的生物的大小从小硬币到餐盘不等，它们一定生活在远古海底花园般的环境中。有关它们的身份争论不休，大多数研究人员认为它们是动物，可能类似于海绵或水母，尽管它们很可能没有在世的近亲来证明它们的亲缘关系。其他人则认为它们可能是早期的光合作用植物，甚至是地衣的原始形态。持续的争论增加了"埃迪卡拉纪之

---

① 美国传奇诗人。——译者注

谜"的吸引力。

保存完好的埃迪卡拉纪化石非常少，而且相互之间距离甚远，通常位于偏远且环境比较危险的地方，包括加利福尼亚州死亡谷里酷热的露头、加拿大西北部麦肯齐山脉有熊出没的荒野、挪威北极的偏远悬崖，以及伊朗和西伯利亚一些政治上非常棘手的区域。考虑到较新时期的化石贝壳的丰富程度和恐龙化石的诱惑力，只有那些甘坐冷板凳的古生物学家才能把注意力集中在埃迪卡拉纪的零碎残骸上。

迈克尔·迈耶（Michael Meyer）是我卡内基科学研究所的前同事，现在他在宾夕法尼亚州哈里斯堡科技大学任教，他接受了上述挑战。迈耶给人的第一印象并不是一个喜欢冒险的环球旅行者，他穿着狂野的夏威夷衬衫，用星球大战的图片装饰办公室，并用他年幼的女儿萨姆（Sam）的可爱照片作为屏保。如果你把迈耶当成一个朝九晚五的普通上班族，那也情有可原。但你稍微深入了解便会发现，他经常在办公室工作至深夜，电脑显示器上挤满了表格和图表，周围都是标有"南非""中国"等字样的样品箱。他会漫不经心地告诉你"遭遇致命动物的经历……海牛、短吻鳄、鲨鱼、狮子"。

在南佛罗里达大学获得博士学位，并在中国南部、阿根廷和澳大利亚弗林德斯山脉进行实地研究后，迈耶来到我的"无捕食者"（predator-free）实验室研究远古生命。我们的目标是创建一个新的化石数据库，并对那些旧的化石数据库进行扩展。古生物学家在这项研究中遥遥领先，他们花了数十年时间建立了古生物学数据库（Paleobiology Database），该数据库包含来自世界各地的数十万条化石记录。然而，这个数据库并不完整，尤其是"寒武纪大爆发"（大约发生在 5.4 亿年前，那时贝壳变得普遍）之前的标本。迈耶与哈佛大学的同事德鲁·穆申特（Drew Muscente）和安迪·诺尔（Andy Knoll）密切合作，负责扩展古生物学数据库，将埃迪卡拉纪化石涵盖在内。

　　通过 1 年的时间来搜索已发表的文献，并联系来自世界各地的专家，他们编制了一份包含来自全球近 100 个地区的 95 种化石类型的目录。[35]有了如此全面的清单，迈耶和穆申特便能够找到这其中隐藏的趋势。专家们将埃迪卡拉纪分为 3 个阶段①。

　　最早的阿瓦隆（Avalonian）阶段开始于大约 5.75 亿年前，即在 "噶斯奇厄斯冰期"（Gaskiers glaciation）之后不久，一些专家认为，在此冰期里，从两极到赤道的大部分地球表面都覆盖着一层冰雪。在全球大冰期之后的 1 500 万年间，全球气温显著上升，沉积物中出现了第一批像蕨类或棕榈类植物叶片的生物，沉积物指示了一个相对较深的海洋环境。

　　随后的白海（White Sea）阶段的生物群与阿瓦隆生物群形成鲜明对比，它们持续存在了约 1 000 万年，即生存于距今 5.6 亿—5.5 亿年前。白海阶段化石的多样性显著增加，数十个具有复叶和分枝结构的属与各种扁平生物一起生活，这些扁平生物看起来像精心制作的带凹槽的煎饼或微型气垫。

　　纳马（Nama）阶段是埃迪卡拉纪的第三个也是最后一个阶段，距今 5.5 亿—5.41 亿年，该阶段发生了向近岸沉积物及对应生物的转变，包括十几种呈管状和细长折叠状的奇特生物，让人联想到原始的墨西哥煎玉米卷。

　　有了新数据，迈耶和穆申特已经准备好取得令人震惊的发现。他们将所有数据绘制成一张网络图，上面有表示物种的点和连接在一起生活

----

① 针对埃迪卡拉纪，目前国际上还没有统一的划分标准，这部分内容也是国际地层委员会埃迪卡拉系地层分会的工作重点。本书中的 3 个阶段是根据生物组合进行划分的结果，但严格的生物地层和化学地层（碳同位素曲线）对比仍存在争议。
　　——译者注

的物种的线，由此描绘了整个埃迪卡拉生物群。图中出现了 2 个明显不同的生物群，所有的阿瓦隆生物都聚集在网络的一端，而白海和纳马生物群则混合在一个更大的中心集群中，只有 3 个属的埃迪卡拉纪化石为 2 个群所共享。

迈耶和穆申特发现的是生物群大规模更替的确凿证据，在 5.6 亿年前，大部分阿瓦隆生物消失，新生物取而代之。[36] 关于这一更替为何如此富有戏剧性和突然性，目前仍没有定论。一方面，阿瓦隆阶段的含化石岩石往往反映了大陆架上的近海环境，这与白海和纳马阶段化石对应的较浅的、受波浪冲击的沉积物形成对比。因此，生物群的更替可能只是反映了地理上从较深水域到较浅水域的相对转变。另一方面，古老的阿瓦隆生物群和较年轻的白海生物群之间的鲜明对比可能揭示了一场更具戏剧性的大灭绝事件，这将是化石记录中保存的最早的全球性的生物灭绝（关于这一点，迈耶和穆申特持不同观点）。毫无疑问，埃迪卡拉纪的故事告诉我们，关于生命这场 40 亿年的演化，我们要了解的还有很多。

最早的真核生物的出现代表了细胞生命复杂性的进步，这些真核生物比以前的任何生命形式都更大、更多样化，具有更复杂的化学过程，但它们仍然是单细胞生物。相比之下，在多细胞的蠕虫、水母或叶状生物中，不同种类的细胞必须合作，并且对某些方面进行特化。一些细胞在里面，另一些则装饰在外面；一些细胞形成叶状体的尖端，另一些细胞则将自身黏合到海底。仔细观察，你会发现细胞也扮演着不同的化学角色——收集食物、消化营养、分配必需的生物分子以及排出废物。

每一次革新都必须是有益的，这是生命游戏的一个基本规则。那么，为什么看起来稳定的单细胞生物在生存了数十亿年之后，开始聚集在一起并发挥如此特殊的作用呢？多细胞的生命形式面临着单细胞生物没有经历过的挑战。首先，它们的细胞必须以有序、结构化的方式相互粘连，大多数多细胞生物需要一个头部和尾部，或一个顶部和底部。然后这些细胞必须在原子和能量的使用方面进行合作，采集食物的特化细胞必须与其他细胞分享它们的食物。最后，像所有生命形式一样，这个联盟的细胞必须找到一种方法来精确复制自己。

多细胞生物面临的另一个挑战是能量。一群集中的细胞，尤其是那些特化细胞，需要相对集中的能量形式。每个细胞都是一个需要电荷流动的微小电路，这就是为什么地球上几乎所有多细胞生物都依赖于氧气带来的集中的化学能。相比之下，氢或硫不能为多细胞生物提供足够的能量推动。动物体内的每个细胞都需要稳定的氧气供应，因此位于里面的细胞似乎处于明显的劣势。针对上述情况，至少出现了两种应对策略。在一些原始生物中，细胞形成带有通道的折叠层，允许环境中的氧气到达每个细胞周围，如此，每个细胞都相当于在外面。更高级的动物，比如我们人类，依靠复杂的循环系统，其中血液就是高度专业化的氧气输送系统。

尽管面临这些挑战，多细胞生物仍以惊人的速度演化并向周围扩散。随着动物学会食用植物和其他动物，资源（食物、领地和防卫）竞争日益激烈，在此推动下，新的生存策略出现了。在这个过程中，活细胞在地球动态碳循环中扮演着越来越活跃的角色。

变奏 4：生命学会制造矿物质[37]

生命的历史其实一直是一个关于生存的故事：寻找食物，繁衍后代，避免被吃掉。在过去的 5 亿年里，生物圈经历了竞争性演化带来的升级，上演了一场带尖武器和防护盔甲的"军备竞赛"，而这一切都始于生命细胞学会制造矿物质。

没有人知道第一个贝壳出现的确切时间和地点。35 亿多年前，单细胞群落建造了叠层石，一些奇怪的、圆顶状的碳酸盐矿物丘。在多细胞生物的最早迹象出现后不久，就出现了粗糙的矿化板和不规则的带壳生物。但是，直到寒武纪早期（大约 5.4 亿年前），在一个很短的时间窗口内，带有雕刻精美的坚硬部分的生物突然大爆发，有螺旋形贝壳、分枝状珊瑚、锯齿状牙齿和形式复杂的骨骼等。碳酸盐矿物发挥了首要作用，但具体的矿化细节仍然是个谜。首先，细胞必须创造一个局部的化学环境，在这个环境中，溶液中的钙离子和碳酸根离子结合形成坚韧的晶体；其次，矿物成分必须能够排列一致，形成一个有保护作用的环境。整个过程是如何发生的呢？

帕特里夏·达夫（Patricia Dove）毕生都在追求理解这一生物化学创新，她是位于布莱克斯堡的弗吉尼亚理工大学地球科学系的杰出教授。达夫非常喜欢科学，她会递给你一个花纹精美的鹦鹉螺壳，或者从口袋里掏出一个鸡蛋来说明每天都在发生的生物矿化奇迹。达夫在位于弗吉尼亚州贝德福德（距离布莱克斯堡约 1 小时车程）的家庭农场长大，儿时的好奇心在她长大后也从未丢失。达夫的经历与你时常听到的许多成功科学家的故事类似。她有父母和老师的鼓励，其本人又对大自然和建筑品收藏有着浓厚的兴趣，这些积累让她在科学博览会上获奖并得到了弗吉尼亚理工大学的奖学金。后来她在普林斯顿大学获得博士学位，然后在斯坦福大学和佐治亚理工大学工作了一段时间，最后回到了她深爱的弗吉尼亚州。

在达夫的整个研究生涯中，她始终强调贝壳、牙齿和骨骼不仅仅是简单的矿物晶体。它们总是包含蛋白质以及其他生物分子的层和纤维，以增加强度和韧性，这些特征为轻质玻璃纤维和碳纤维复合材料提供了设计灵感。在某些贝壳中，类似的矿物与蛋白质的复合物的强度是纯矿物的上千倍。达夫还提醒道，除了贝壳、骨骼和牙齿，生物矿物质还可以在很多其他方面为生物体服务，它们可以作为透镜、过滤器、传感器，甚至微小的内部指南针。

达夫的研究组将大部分精力集中在原子尺度的碳酸盐形成机制上，这可谓是一种基于有机碳化学和无机碳化学之间密切相互作用的分子舞蹈。研究组发现，当细胞产生特殊的隔室时，生物矿物质就会形成。这些隔室提供了矿物质形成所需的局部环境，形成矿物质的成分会在这里浓缩、成核并以精确的方式生长。在这些隔室中，一些生物分子会促进晶体形成，而另一些则抑制其生长。

达夫的研究组最令人惊讶的发现之一是：许多生物启动生物矿化的碳酸钙并非结晶态，反之，这些生物体会形成并储存一种凝胶状物质——无定形碳酸钙（他们称之为 ACC），这种物质会一直保留到恰到好处的时机。[38] 在这个非凡的过程中，一个分子触发器会启动晶体的生长，这与常规的晶体形成鲜明对比。一些蜕皮动物显然可以将 ACC 储存数周或数月，当旧壳被丢弃并且美味的软组织暴露出来时，这些动物会在这关键的脆弱阶段触发外壳的快速生长。

在第一批"早熟的"动物给自己穿上盔甲之后，掠食者定然会将大部分注意力转向更容易捕猎、没有外壳保护的食物。当肉质蠕虫近在咫尺时，为什么要花费额外的努力来破开坚硬的外壳呢？但随着越来越多的海底居民穿上盔甲，更强壮的颚、更锋利的牙齿和更凶猛的钳子都出现了。这场旷日持久的"寒武纪大爆发"并不完全是一下子就爆发的，它持续了数千万年，使地球生物圈走上了不可逆转的轨道。

坚韧的矿物硬壳的出现也为碳循环的故事增添了新的情节。随着碳酸盐珊瑚、苔藓动物、腕足动物、软体动物和其他动物群数量的增加，石灰岩珊瑚礁达到了史无前例的规模，跨越了数百英里的海岸线，并且逐渐在某些地方达到了数千英尺的厚度。以前从未有过如此大规模的碳酸盐生物矿物的堆积，这使浅海沿岸和内海充满了前所未有的沉积岩。在板块构造的作用下，这些浅水区会不可避免地封闭，其内部的沉积岩会一起被挤压，由此形成的褶皱山脉改变了地球的地貌。加拿大落基山脉、意大利北部的多洛米蒂山，甚至是珠穆朗玛峰和喜马拉雅山脉中一些其他最突出的地方，都是由坚固的碳酸盐构成的，而这些碳酸盐曾经装点着浅海海底的活珊瑚礁。

———

在过去 5 亿年的大部分时间里，碳酸盐生物矿化作用主要是一种近岸活动，处于碳酸盐礁的领域。珊瑚、蜗牛、蛤蜊和其他数十种生命形式会利用大陆沿岸阳光充足、营养丰富的浅水水域。

2 亿年前，生命又发现了一种矿化秘诀。有一种微小的单细胞海藻，被称为颗石藻，如今它在世界各地的海洋中繁衍生息，通常远离任何陆地。这些颗石藻学会了制造微小、透明、圆盘状的碳酸钙"装甲板"，被称为颗石。[39] 每片颗石就像一个微小的装饰性穀盖，直径小于 1‰英寸（约合 0.025 毫米）。每个颗石藻细胞都覆盖着十几片或更多片交叠的颗石，其中的原因尚不完全明了。有些生物学家认为，这些矿物圆盘提供了盔甲般的防御作用；也有生物学家认为碳酸钙是一种天然"防晒霜"，可以保护漂浮的细胞免受紫外辐射的伤害；还有假说认为这些矿物板为细胞提供了中性浮力，使微生物能够下沉或漂浮到营养更丰富的海洋层。

不管颗石的功能是什么，其产量都很大。当颗石藻死亡时，它们的这些小盘会积聚在厚厚的白垩质沉积岩中。从微观的角度观察著名的多佛白崖，可以看到天文数字的美丽刻饰形态，数百万年来这里沉积了数百英尺厚的白垩质沉积岩。与以前的世代不同，如今海底多达三分之一的地方被钙质软泥覆盖，在 1 英里（1.6 千米）或更深的许多地方，富含微观圆盘。

这对地球的碳循环有深远的影响。在地球历史的大部分时间里，深海沉积物相对来说几乎不含碳酸盐矿物，俯冲作用使以玄武岩为主的洋壳进行循环。相比之下，今天海底的主要组成部分则是含碳矿物。当海底被俯冲带吞没时，一些新形成的碳酸盐软泥被带到地幔深处。一个悬而未决的谜团是，对碳的埋藏是否已经从根本上改变了地球的碳循环？如果被埋藏的碳原子多于返回地表的碳原子，那地球的生物圈会逐渐变得缺碳吗？

要回答这个关于地球深部碳循环的深刻问题，将不可避免地引出生物圈和岩石圈之间的反馈循环。因此，我们必须把焦点转移到陆地生命的兴起。

变奏 5：生命在陆地上立足 [40]

随着生命和岩石在越来越复杂的反馈循环中协同演化，碳循环也变得更加复杂。没有任何圈层中的反馈循环比生命在陆地上崛起时更为明显。

氧气在早期发挥了关键作用。未经过滤的太阳紫外辐射对大多数细胞生命来说太过残酷，紫外线会损坏关键生物分子片段，从而导致细胞死亡。大气中氧气的增加也意味着臭氧的增加，臭氧分子由 3 个相连的氧原子组成，当普通的氧气分子被紫外辐射分裂并重新排列时，就会形成臭氧。臭氧分子分布稀疏，当它们聚集在高空中形成臭氧层时，一百万个分子中最多也只有几个臭氧分子。一旦臭氧层形成，它就会起到天然"防晒霜"的作用，保护地球表面免受太阳持续不断的紫外线冲击。因此，健康的臭氧层是强健的陆地生态系统的先决条件。

　　生命最初离开海洋的时候格外谨慎，几乎没有改变地貌。4.5 亿多年前，微小的无根植物率先起步，它们为沿海的沼泽池和浅溪边缘增添了一抹绿色。4.3 亿年前，出现了第一批具有小型根系的植物，这使绿色植物能够在更靠内陆的地方建立新的生态系统。植物的根加速了岩石的分解，形成了富含黏土的土壤，而这种土壤可以容纳更长、更高效的根，从而产生更多的土壤。在某个地质时刻，越来越高、越来越粗的灌木和大树覆盖了这片土地。

　　更多的变化接踵而至，陆地植物的日渐繁盛也促进了动物的生长。一种原始的千足虫——纽氏呼气虫（Pneumodesmus newmani），是已知最早的呼吸空气的陆地居民。[41] 2004 年，苏格兰的巴士司机兼业余化石收藏家迈克·纽曼（Mike Newman）发现了这仅有的一块纽式呼吸虫标本，它是来自苏格兰阿伯丁郡 4.28 亿年前的沉积岩中的长约半英寸（1.3 厘米）的碎片。这种远古软体动物的化石记录保存得很差，而且数量极其稀少，所以原始昆虫很可能出现得更早。最早的蜈蚣化石可以追溯到 4.2 亿年前，已知最古老的飞行昆虫可以追溯到 4 亿年前，当然，还有其他许多稀有的、有启发性的宝藏等待着我们去发现。

　　在陆生动物中，脊椎动物的化石虽然更有可能被保存在岩石中，但仍然很少，并且彼此相距甚远。已知的古生代物种的数量有限（不过在不断增加），这些物种的化石显示出它们从海洋到陆地、从鱼类到两栖动物的过渡过程，逐渐远离海洋的生命也具有越来越独特的结构。它们的鳍演变成了带有趾的足，伴随着的还有肩部、肘部、腕部。头骨发育出可以呼吸的鼻孔和可以听声音的耳朵。而且，与大多数鱼类不同，最早的登陆者有了脖子，它们可以左右摇晃脑袋来观察四周干燥的环境。这些生物向陆地的过渡并不突然，而且人们永远也不可能指出谁才是第一种陆生脊椎动物，但目前这一"头衔"的有力竞争者是 3.75 亿年前的提塔利克鱼（*Tiktaalik roseae*），2004 年，这种鱼的化石在加拿大偏远的努纳武特省北极圈以北的埃尔斯米尔岛上被发现。

在一次公开的古生物调查中，芝加哥大学的尼尔·舒宾（Neil Shubin）和费城自然科学院的特德·德斯科勒（Ted Daeschler）预测他们可能会在加拿大北部寒冷的北极地区发现一种野兽，考虑到板块构造的作用，那里在 4 亿年前曾接近赤道。他们的预测结果是通过逻辑上的淘汰过程获得的。他们意识到，鱼类和两栖动物之间的"缺失环节"一定存在于大约 3.75 亿年前的岩石中，最好是来自温暖的赤道地区和古老的海岸线附近，那里必须有大片裸露的岩石，而不能是茂密的森林。他们查阅了世界各地的地质图，最终把目标对准了埃尔斯米尔岛，认为这里是进行进一步勘探的理想地点。

在偏远的北极岛屿上寻找演化的缺失环节并非易事，该地区几乎无法进入，而且可进行采样的时段很短，每年只有仲夏的几个星期，在厚厚的积雪融化之后和秋季的第一场雪到来之前。他们经过 5 批次的野外考察之后仍然毫无进展，有些集中在了贫瘠的岩层上，有些则被恶劣的天气妨碍，但功夫不负有心人，最后他们终于在一个低矮的岩礁上发现了一种令人震惊的、正在向陆地演化的鱼，或者说两栖动物提塔利克鱼。[42] 这是一种巨大的生物，有些个体能长到近 10 英尺（3 米）。当舒宾和德斯科勒看到这完整的庞然大物时，他们意识到这种生物的化石应该非常普遍，在之前的考察中，他们也曾发现过几块未被辨认出的提塔利克鱼碎片。

这种会行走的鱼以当地因纽特语中一种鳕鱼的名称命名，尽管曾被发现者舒宾和德斯科勒非正式地称为 fishapod（鱼足动物）。提塔利克鱼的发现引起了媒体的轰动，出现在各种公开讲座、电视节目和网站上。

舒宾有一个名为"Your Inner Fish"（你体内的鱼）的热门账号，同名科普读物还登上了科学畅销榜。从大胆的预测，到艰难的发现，再到现在越来越多的人相信发生在提塔利克鱼身上的许多解剖学革新也同样留存在我们的身体结构中，这可谓是整个古生物学的传奇，这个过程再次验证了达尔文自然选择学说的力量。

　　提塔利克鱼只是一系列化石动物中的一种，它们中的每一种都比上一种更适合在陆地上生活。尽管距离第一批真正的陆生动物出现在地球的原始丛林中还有大约 1 000 万年，但从地质学角度来看，它们转变的速度已经非常快了。一直以来，随着碳集中在根、茎、叶和树干中，碳在土、气、火、水这几个不同储库之间的循环也在加强。

被掩埋的生物质

　　随着陆地生命的兴起，森林演变成最多样化的新的碳储库，它们为碳循环增添了新的元素。地球上最早的沼泽森林中的巨型植物有大片繁茂的蕨类植物、苏铁类植物和针叶树，它们从空气中提取碳来制造木材和树皮。当其中一株最早的陆地植物死亡时，它的茎、枝、叶和根贡献出自己的生物质，形成了新型的富碳沉积物，比如来自近地表沼泽的松散固结的泥炭、柔软的褐煤，以及被称为煤的坚硬的黑色化石燃料。[43]

　　地球上的大部分煤是从大约 3.6 亿年前开始形成的，并经历了大约 6 000 万年的形成期，这段时间被恰当地命名为石炭纪。在今天的森林中，当一棵树倒下时，它通常会迅速腐烂，将碳原子返给土壤，使其被一次又一次地循环利用。这种高效的循环利用方式与 3 亿年前的情况形成了鲜明对比，那时掌握分解木材坚硬木质素纤维的技巧的多种木生真菌尚未演化出来。在木材腐烂之前，枯死的树木会层层堆积到 100 英尺（30.5 米）或更厚。植物遗骸被埋得越来越深，它们的身体组织被压缩和脱水。

这种生物质逐渐变干，生物分子解聚，释放出挥发物，并使最理想的无烟煤品种的含碳量增加到 90% 以上。今天，我们以惊人的速度开采石炭纪遗产，在几十年内将 6 000 万年间封存的碳返回到大气中。

在煤层堆积的同时，地球上不断生长的肥沃深层土壤也找到了另一种固碳方法。植物根系破坏岩石形成土壤的过程中会产生大量副产品——黏土矿物，这种矿物在固碳方面也开始发挥重要作用。[44] 黏土具有独特的物理和化学性质。黏土矿物可以形成薄而扁平的矿物板，因体积太小而在普通显微镜下无法看到。这些微小的薄片之间相互滑动，赋予了黏土熟悉的湿滑特性。

黏土的表面很特殊，可以吸附富含碳的小分子，包括生命的腐烂产物。当根和其他地下碎屑腐烂时，它们的生物分子常常会被隔离在黏土矿物表面。随着河流和风对土壤的侵蚀，大量黏土被不断地输送到海洋，在近海形成数千英尺厚的含有大量碳的沉积物——地球错综复杂的碳循环又多了一个储藏库。其中一些富含碳的沉积物与大量碳酸盐岩一起俯冲进入地幔深处，这种碳通量的变化或许可以将陆地生命的年龄与地球早期 40 亿年的历史区别开来。

变奏 6：我们留下自己的印记

地球上曾经出现过数以百万计的物种，然而它们中的绝大多数已经灭绝了。三叶虫是古生代海洋中无处不在、充满魅力的居民，早在 5 亿多年前就出现了。它们珍贵的化石残骸分段而且布满弓刺，似乎在用跨越时代的复眼盯着我们。当然，所有三叶虫早就死去了，它们已经灭绝了超过 2.5 亿年。陆地上、海洋里还有天空中的恐龙轮番登场，以雄伟而野蛮的方式统治着中生代世界。它们巨大的骨骼遗骸无声地提醒着我们，自然界的生物为生存而进行了不懈斗争。事实上，恐龙也已经灭绝了，但鸟类（一种比较普遍的观点认为鸟类起源于恐龙）例外，曾经占据统治地位的血统被彻底清洗。接下来，就该我们人类登场了。

人类的故事比其他物种的故事更为深刻。我们人类以持久的方式改变环境。我们建造纪念碑、挖煤、生火，然后继续前进。在这个古老的故事中，碳扮演了一个特殊的、令人惊讶的角色，因为在我们过着自己的生活、构建自己的文化时，碳原子也为我们提供了一个记录人类故事的时钟。

碳时钟

几乎每一个碳原子都是恒星的持久遗产，这些碳原子近乎永远存在，不可改变，可以一次又一次地被使用。空气中和我们身体中的碳原子只占一小部分，这些碳原子是地球动态舞台上的短暂参与者，它们仿佛变魔术一样出现，在短时间内大显身手，然后就消失了。

我们已经认识了碳的两种稳定形态：普通的碳 -12 占人体碳原子总数的 99% 以上，略重的同位素碳 -13 占剩余的大约 1%。这两种同位素分别有 6 个和 7 个中子，它们形成于数十亿年前，主要存在于较大的恒星中。

具有 8 个中子的放射性碳 -14 则不同，[45] 它不稳定且只能短暂存在。在大部分云层的上方，来自深空的宇宙射线轰击富含氮的大气，碳 -14 会在那里不断形成。宇宙射线中大部分是加速的质子或原子核，它们像高能子弹一样与大气分子碰撞，导致核混乱。次级粒子的阵雨向外喷射，其中有些是高能中子，一些高能中子会撞击氮原子。当被快速移动的中子撞击时，氮 -14 原子核可能会被破坏，失去一个质子的同时获得一个中子，由此形成碳 -14。这种激烈的创造过程持续了数十亿年，在地球大气中产生了少量但稳定供应的碳 -14。

碳 -14 具有放射性，这是它与其他更轻、更稳定的同位素之间的重要区别。碳 -14 徘徊在自我毁灭的边缘，因为它有太多的中子，无法稳定存在，它会毫无征兆地自发变回稳定的氮 -14。碳 -14 的放射性衰变是一个渐进的过程，大约需要 5 730 年，放射性碳原子才会消失一半。强大的"放射性碳定年法"（也称碳 -14 定年法、碳定年法）就是利用了这个"偶然的"半衰期，非常适合用来研究人类技术和文化的发展史。

放射性碳定年法依赖死亡，或者更准确地说，依赖死亡的时间。碳循环是关键。只要植物还活着，它就会不断吸收二氧化碳、水和太阳的辐射能来制造糖。这就是光合作用的本质，它为地球上几乎所有生命提供了化学能。动物吃富含糖分的植物或者吃其他吃植物的动物，真菌和食腐动物以枯枝烂叶或动物尸体为食。在复杂食物链的每一步，碳原子都会从一个储库循环到另一个储库。

只要植物活着，它就会吸收少量的碳 -14，约占吸收的所有碳原子的 1 万亿分之一——碳 -12、碳 -13 和碳 -14 的比例主要由大气决定。我们只要食用植物，或吃以植物为食的动物，就也会共享相同的同位素比例，你体内每 1 万亿个碳原子中就有 1 个是碳 -14。这一小部分碳原子的含量将一直保持不变，直到植物死亡，或直到你死亡，从那一刻起碳时钟便滴答作响，开始计时。

放射性碳定年法的故事

第二次世界大战后不久，芝加哥大学的化学家威拉德·利比（Willard Libby）提出了利用放射性碳来确定生命遗骸年龄的想法。[46] 作为参与曼哈顿计划的科学家，利比熟知放射性同位素的化学作用，他意识到碳 -14 对研究人类文明的近期历史具有特殊的前景。与其他参与原子弹制造的同事一样，在战争结束后，他将自己的研究转向了非军事领域。

利比的想法很简单，先拿一张旧羊皮纸、一块木炭、一根头发或一片干燥的皮肤，然后测量碳 -14 的比例并计算年龄。如果一半的碳 -14 原子已经衰变，那么这个物体大约有 5 730 年的历史。如果碳 -14 只剩下四分之一，那么年龄就会翻倍，也就是大约 1.15 万岁。放射性碳定年法对于 5 万年以内的生命碎片非常有效，超过这个年限，便大约只有 1‰ 的原始放射性碳原子能幸存下来，测试结果也会变得不可靠。

在实践中，放射性碳定年法使用起来有点棘手。一方面，准确测量含量为 1 万亿分之一的碳 -14 并非易事。在一种常规办法中，科学家们对每一次放射性衰变事件进行计数，并根据放射性水平计算出碳 -14 含量。放射性碳的衰变很缓慢，因此该方法不仅需要含有大量碳原子的大型样品，还需要很大的耐心。现在更有效的办法是通用强大的质谱仪在碳 -14 衰变前测量它们的数量，这种快捷的办法可以应用于小得多的样品，例如不到一颗米粒大小的物体或一绺短头发。

放射性碳定年法彻底改变了我们对人类历史的理解，每周你都可以看到新成果的相关报道。1947 年，人们在死海附近的洞穴中发现了数十份用古希伯来语和阿拉姆语书写的卷轴，这为威拉德·利比的新测年技术提供了一个难得的测试机会。结果表明这些卷轴有大约 2 000 年的历史，是已知最早的《圣经》文本之一。另外一个案例是对著名的"都灵圣体裹尸布"的时间测定，1988 年，3 个独立的实验室的测试结果一致表明其历史可追溯至 14 世纪。不过，这块布的来源仍然充满争议。

放射性碳定年法在考古学中也发挥着重要作用，提供了关于埃及王朝详细年表、非洲迁徙顺序、欧洲技术转移路径以及史前英国定居点的数据。碳 -14 揭示了无数史前遗址和史前物体的年龄，比如：在庞大的"圆形石林"（Stonehenge，位于英国的一处史前巨石柱群）中，根据埋在地下的木头可以追溯到 5 100 年前；冰人奥兹（Ötzi）死于 5 200 年前，他的遗体被保存在奥地利和意大利边境附近的高山冰川中。

人类迁徙进入美洲大陆的时间一直存在争议，放射性碳定年法在限制这个时间范围上也发挥了重要作用。2015 年，在一项发表于《美国国家科学院院刊》的研究中，美国得克萨斯农工大学的科学家们描述了一个位于加拿大阿尔伯塔省卡尔加里附近的古老营地，里面有被屠宰的马和骆驼的骨头。[47] 根据放射性碳定年法，该遗址的年龄为 13 300 年，误差只有约 15 年，这比有记载的克洛维斯人的遗址更早，此前人们认为克洛维斯人从俄罗斯穿过白令海峡抵达美洲的时间不早于 13 000 年前。除此之外，还有些不太确定的证据，比如与原始石器制品相关的篝火，这使有些研究人员认为人类从亚洲迁移到北美的时间更早，甚至可能追溯到 4 万年前。但不管最终结论如何，放射性碳定年法都将发挥不可或缺的作用。

———

我们的后代会发现些什么呢？未来的考古学家将从我们这个时代的含碳残留物中收集到哪些关于现代的见解？他们将发现惊喜。

"死碳"的大量涌入使过去 2 个世纪与众不同——燃烧大量化石燃料所带来的遗产中包含了被封存数百万年的古老碳原子，由此产生的大量"死二氧化碳"（二氧化碳分子中缺乏放射性碳 −14）稀释了大气。

第二个更引人注目的异常现象是"核弹碳"，它标志着短暂而疯狂的露天核武器试验时代，即 20 世纪 50 年代和 60 年代初在《部分禁止核试验条约》生效之前的那段时间。[48] 在短短 10 多年的时间里，核爆炸导致大气中碳 −14 的浓度增加了 1 倍，但随着大气中的二氧化碳与海洋中的分子进行交换，或被封存在岩石中，或被植物所消耗，碳 −14 的浓度逐渐下降。在短时间内，植物中的碳 –14 含量快速翻了一番，接着动物体内的碳 –14 含量也翻了一番，如果你生活在麻烦不断的冷战时期，那么你身体中的碳 –14 含量也不会例外。

在我们所有人的肌肉和骨骼中，都仍然拥有一些核遗产，因为我们都是整个人类的碳循环的一部分。

再现部

人类的碳循环

　　要想理解地球、碳和人类之间密不可分的联系，关键在于理解碳循环。碳循环是人类强加于地球的快速变化的核心，无论人类是有计划的还是无意的。我们种植和培育富含碳的食物，来支撑不断增长的世界人口，这不可避免地破坏了数千年来保持稳定的环境；我们砍伐树木、捕捞鱼群，打破了生态平衡；我们大量开采被埋藏已久的燃料和物质资源，即大量开采碳。在以上的每一个例子中，人类对碳循环的加速影响都是全球性的、深远的，导致的大气和气候变化也是意想不到的。

　　所有生物，包括我们人类，都在全球碳循环中发挥着作用。观察一下你的四周，结果是显而易见的：矿物质和空气变成了植物，植物被动物所食，死亡的动植物支撑起蓬勃生长的真菌和微生物，接着所有的生物再次返回土壤和矿物质中。碳原子循环往复，每个碳原子在数十亿年间都经历了多种存在形式。

———

你我一样，同时也在进行着自身的碳循环，这个循环与我们不断变化的身体的关联更直接、更密切。从孕育胚胎的那一刻到我们的尸体腐烂、化为乌有，我们每个人都经历了个人的第 6 号元素循环。

你吸入氧气，食用富含碳的食物，这些会驱动新陈代谢。你的身体在合成新细胞时吸收了这些碳，在燃烧富含碳的"燃料"时产生二氧化碳。

当你呼出二氧化碳时，碳原子就像秋天的落叶一样从你的身体上脱落。在每一次呼吸过程中，你的身体都会溶解一点点碳原子，[49] 也会有一部分碳原子（不到身体的十万分之一）被丢弃、被驱散，接着进行再循环。你今天的身体可能看起来与上周或去年一样，但事实并非如此。许多原子是不同的，它们是一模一样的原子复制品，但它们确实变了。

在你的一生中，当你在吸收新的碳原子时，也会丢掉一些旧的碳原子。碳原子在我们身体里的时间是多么短暂啊！你出生时的那些碳原子，只有很少一部分会一直保留下来。同样，在 10 年以后，今天你身体里的碳原子也只能保留很少一部分。我们的精神是独立的，我们的思想是独一无二的，但我们身体内的原子却像微风一样转瞬即逝。

那些不久前还属于你的的碳原子现在在哪里呢？有些弥散到空气中或已溶解在海洋里，有些可能被封存在蛤蜊和蜗牛的碳酸盐壳中，或者很快就会被隔离在珊瑚礁的石灰岩中。许多曾经属于你身体的数以万亿计的碳原子，现在都寄住在植物（如橡树、小麦、玫瑰、苔藓）的茎、叶、花和根中。动物以这些植物为食，所以会继承并短暂保留曾经属于你的东西。每一个和你同时代的、在地球上生活了几年的人，任何吃过这些植物的人或者吃过以这些植物为食的动物的人，现在都拥有了曾经属于你的碳原子，正如你也拥有曾经属于他们的碳原子一样。这些碳原子可能来自你认识的每一个人，你的朋友、家人、爱人，甚至是曾经生活在地球上的所有人。

——

想象一下一个碳原子在宇宙内的轨迹，它会在很短的时间内作为你以为的"你"的一部分。

这个碳原子在一颗大恒星的中心形成，在恒星爆炸时被释放到太空中。它与其他碳原子进行结合，形成微小的金刚石晶体，成为分子云中的尘埃和气体的一部分，分子云指的是星际物质中有利于原子结合为分子的低温致密区，是丰富的恒星形成区。分子云受到扰动（可能是附近超新星带来的振动）时会触发局部坍缩，我们太阳系的形成便始于这种坍缩。坍缩区域的大部分物质被吸入中间形成太阳，但这颗微粒金刚石在残余物中找到了不同的归处，与其他物质一起构成了地球。

当时的地球太热、太活跃，微粒金刚石无法保留，因此这个碳原子与氧原子连接形成了一个二氧化碳分子，成为不断增长的大气中的极小一部分。新形成的这个二氧化碳分子被吸收到海洋中，跟随着洋流漂荡了 1 000 年，后来以碳酸盐的形式沉淀在浅海区。

又过了几百万年，一颗小行星轰击了海岸线，碳酸盐矿物分解，释放出的二氧化碳重新返回大气中。从空气到海洋，从海洋到岩石，循环往复。但这一次，碳酸盐矿物层被卷入致密的、下降的地壳板片中，随着俯冲作用慢慢进入上地幔，在那里，地球内部的热量将周围的岩石熔融。富含水和二氧化碳的熔体越来越靠近地表，各种挥发性组分被压力限制着。当岩浆接近地表时，流体会突然猛烈地变成爆炸性的气体，向外喷发，火山巨石和火山灰像雨点一样洒落在大地上，碳原子再次以二氧化碳分子的形式被释放到空气中。

游离的碳原子发现自己被附近的一道闪电激发了能量，于是它与氮原子和其他原子结合形成氨基酸，这种分子在被太阳的紫外辐射分解之前只能存在几天。当作为二氧化碳的一部分时，碳原子以更稳定的形式从空气到海洋反复循环。这个原子不止一次地在深海热液喷口发生反应，形成仅能存活几周的氨基酸，然后分解成二氧化碳。从恒星中诞生的碳原子在地球的储藏库中循环了亿万年，从气体到液体，再到岩石，然后再返回到气体，发生了不计其数的反应。

让我们快进 10 亿年，这时新的生命现象出现了。新的碳储库正在招手，二氧化碳被光合藻类从空气中提取出来，转化为糖。糖成为制造新分子的燃料，这些新分子有形成细胞膜的碳链脂质、携带遗传密码的碳环碱基，以及碳与氮和氧键合形成的蛋白质的组成部分——氨基酸。我们的碳原子在生物圈中快速循环，比以往更快地扮演着许多新角色，有时一周内便会改换十几次化学形态。其他很多时候，它被密封在碳酸盐壳中，沉入海底，封存了 1 亿年之后才返回生机勃勃的地表世界。

上周你吃掉了那个碳原子，现在它已经是蛋白质分子的一部分了，在你的一个细胞中起着至关重要的作用。希望一切顺利！

死亡与碳

我们这些多细胞的生命形式是脆弱的，在如此复杂的生命系统中，碳原子可能会出现很多问题。

我的兄弟丹（Dan）的癌症始于他的十二指肠，这是一个几乎没有人会检查是否有癌症的地方，也是一个不会出现急性症状的地方——至少在癌症扩散到其他器官之前不会出现，而当发现症状的时候也就为时已晚了。尽管他的肝脏已经坏死，但当时医生还是试图阻止这些侵略性的癌细胞。丹忍受了几个月可怕的化疗，但是情况并没有好转，仅仅半年后，丹就去世了。

碳基分子的异常是丹去世的罪魁祸首，这种异常存在于许多疾病中。一个碳原子出问题是小事，但几个碳原子的缺失、错位或不当排列就会造成很大的不同：我们一生都受碳的影响，就连死亡都不例外。医生无法告诉我们，丹的身体到底为什么会出问题，为什么我们所有人中最健康、最注意饮食、最专注于锻炼的他会生这种病。在他的数十万亿个细胞中，有一个细胞中控制细胞分裂的分子出了问题，然后那个细胞开始失控繁殖，最终侵袭其他细胞和其他器官。

所有癌症和遗传疾病在这方面都是一样的，都是碳原子出问题引发的，比如碳原子的位置和碳原子间的化学键。想想人体必需的 2 种结构相似的氨基酸——天冬氨酸和谷氨酸，它们的碳原子仅相差 1 个，但若将错误的氨基酸插入关键的蛋白质中，长链分子的折叠方向就会出现错误，由此产生的畸形结构会对细胞造成严重破坏，导致细胞无法完成生命攸关的任务。

——

当我们死后，碳原子会去哪里呢？

我想到了露露（LuLu）。露露是我们家第四只也是最后一只马尔济斯犬，她遗传了前几代甜美的白色绒毛。她在 13 年生命的大部分时间里都是一个活泼的小精灵，每当我从实验室回到家时，她就蹦蹦跳跳地出门迎接。然而，当她的双胞胎妹妹朱莉娅（Julia）在 12 岁那年去世后，露露的身体每况愈下。最后，她听力丧失，神志不清，时而蹲下身子，时而跌跌撞撞地跑来跑去，对着幽灵大喊大叫。当她停止进食和饮水时，我们给她做了安乐死。至少结局很平静，但此后曾经热闹的家也被寂静所淹没。

我们将她的坟墓选在了房子附近的树林里，一株盛开的紫荆下。露露一头纯白的卷毛在那个又深又黑的洞里显得格格不入。在她的遗体上盖上 2 英尺（0.6 米）厚的棕色泥土后，我们与她作了最后告别。

一只 10 磅（4.5 千克）重的小狗包含 2—3 磅（0.9—1.4 千克）的碳，或许包含了 5×10^{25} 个碳原子。露露死的时候这些碳原子发生了什么变化呢？在很短的一段时间内（几个小时，而不是几天），她的尸体几乎能继续保有所有这些原子。但是，由于暴露在空气和土壤中，并且尸体能够为细菌、真菌和小型食腐动物提供丰富的化学能，因此她身体里的原子开始了不可阻挡的扩散过程。大部分腐肉被消耗，为其他生物提供了能量和原子。尸体中的碳原子不断向外扩散，围绕在露露周围的碳原子浓度越来越小。腐烂还将二氧化碳和其他有机小分子释放到大气中，传播到世界各地，最终这些碳原子在各大洲的新生命中无数次被循环利用。即使是现在，你也可能会吸入曾经属于露露身体的碳原子。

再循环，这是大自然的规律。地球上稳定的碳原子既不会被创造，也不会被消灭，它们被一遍又一遍地循环利用。

终曲

土，气，火，水

我们在地球万物的演化过程中，在伟大的碳的交响乐中，扮演了什么角色呢？人类既平凡又独特。

一方面，我们只是 40 亿年的生命演化故事中的一个小步骤，在我们的世系灭绝或演变成其他新物种之后，这个故事可能还会持续很长时间。有人说只有我们人类有能力从根本上改变地球的气候和环境，但事实上，产生氧气的光合微生物和随后诞生的各种绿色植物，对地球近地表环境的改变比任何人类活动都要深刻。有人说人类通过建设城市、道路、矿山和农场，对大陆产生了全球性影响，但树木和草地对地貌的影响远远超过了人类。有人说人类在"毁灭地球"上具有独特的潜力，但相对于小行星反复撞击和巨型火山喷发所带来的灾难性后果，人类设计的武器对环境造成的影响相形见绌。

另一方面，我们人类确实拥有前所未有的能力。在生命发展的历史中，我们拥有独一无二的科技实力去适应和改变环境，不管是在局部地区还是全球范围。我们在对动物、植物和微生物等其他物种的创造性开发方面独树一帜。只有人类拥有强烈的欲望和强大的能力去探索地球之外的世界，也许我们人类最终会殖民其他行星和卫星。对于影响着地球土、气、水、火方方面面的碳循环，人类产生的影响也是独一无二的。

我们改变地球的速度远远快于其他任何物种，恐怕也只有像火山喷发和天外陨石降落这样的突发灾难能超过这个速度。微生物花了数亿年的时间为大气充氧，也许又花了 10 亿年为海洋充氧。最初，多细胞生物试探性地入侵陆地，然后用了数千万年才在这片土地上定居。这些变化是深刻的，但它们发生在地质时间的尺度上，使生命和岩石能够逐渐地协同演化。地球生态系统具有非凡的适应性，但它们需要几代时间来转变、演化、重组，以应对新的环境条件。如果像一些学者担心的那样，人类对地球构成了独特的威胁，那么前所未有的环境变化速度将给生物圈带来最大的破坏风险。

话虽如此，但不管我们在不经意间对地球以及我们自身造成了多么大的伤害，岩石及其中生活的各种微生物都不会有什么问题。地球将继续存在，生命将继续存在，强大的自然选择过程将确保新的生物继续栖息在地球上的每一个生态位。

——

碳这部宏伟、永恒的交响乐统一了万物的基本组成要素——土、气、火、水。没有哪个要素是孤立存在的，四大要素都是整体的重要组成部分。土里发展出含碳的固态晶体，它们是陆地和海洋的坚固基石。气中包含着拥抱我们所有人的含碳分子，它们能够永远循环，保护和维持我们的生命。火源自碳的燃烧，它为世界提供了能量，同时为物质世界和生命世界提供了无与伦比的分子多样性。水孕育了碳基生命，在碳基生命演化并散播到地球每一个角落的过程中，水一直为其提供动力。在精妙和声与复杂对位的渐强律动中，碳的每一种要素都赞美着其他要素，也被其他要素赞美着。

我们人类已经学会把自己紧迫的主旋律和不断加速的节奏强加在这个古老的乐谱上——取走土里的矿物质，向大气中排放各种废气，用火来满足欲望和需求，开发富饶的水域，但我们却通常不关心其他物种的生死存亡。

我们每个人都必须从自身急切的欲望中后退一步，将我们珍贵的地球家园视为一个独特但脆弱的居所。如果我们足够理智，如果我们能够以一颗敬畏之心来缓和我们的需求，如果我们能够把珍惜美丽的富碳世界视为当务之急，那我们将有望为我们的孩子、孩子的孩子以及所有的子孙后代，留下无与伦比的宝贵财富。

致　谢

在撰写这本书的过程中，DCO 的同事让我获益良多。DCO 取得的任何发现都离不开与杰西·奥苏贝尔以及斯隆基金会其他成员的最初接触以及他们随后的支持和建议，特别是项目专员葆拉·奥尔谢夫斯基（Paula Olsiewski）。

地球物理实验室前主任鲁斯·赫姆利（Rus Hemley）在定义 DCO 的研究范围和研究内容方面发挥了重要作用，他构思了 Deep Carbon Observatory 这个名称。这项工作最初由 DCO 主管康妮·贝特卡（Connie Bertka）提出原型，她设想了一个自上而下的结构模式，只需温和推进便可以让员工自下而上充满热情。

我非常感谢 DCO 秘书处的工作人员，很高兴每天能与他们一起工作。项目理事克雷格·希弗里斯（Craig Schiffries）以娴熟和幽默的方式指导了这项复杂的国际项目，同时在中国东部闷热而富含石油的平原、意大利喷出大量有毒气体的火山地区和阿曼摇摇欲坠的悬崖进行了艰苦的研究。在本书的写作过程中，克雷格也不断提供建议和鼓励，他的思想贯穿始终。项目经理安德烈亚·曼格姆（Andrea Mangum）是 DCO 团队中任职时间最长的成员，他熟练地负责着 DCO 项目的财务工作，他处理事务时声音平静，态度坚定。珍妮弗·梅斯（Jennifer Mays）和米歇尔·胡恩－斯塔尔（Michelle Hoon-Starr）提供了写作、网页设计和后勤方面的支持，她们对 DCO 项目充满热情和信心，时刻鼓舞着其他同事。

如果没有加州大学洛杉矶分校克雷格·曼宁（Craig Manning）领导的执行委员会的国际科学领导，DCO 不可能取得成功。我也从委员会的各位成员身上学习到很多东西，他们是约翰·鲍罗什（John Baross）、塔拉斯·布林迪亚（Taras Bryndzia）、戴维·科尔（David Cole）、伊莎贝尔·丹尼尔（Isabelle Daniel）、唐纳德·丁韦尔（Donald Dingwell）、玛丽·埃德蒙兹（Marie Edmonds）、彼得·福克斯（Peter Fox）、埃里克·奥里（Erik Hauri）、拉塞尔·赫姆利（Russell Hemley）、凯－乌韦·欣里希斯（Kai-Uwe Hinrichs）、克劳德·詹帕特（Claude Jaupart）、阿德里安·霍内斯（Adrian Jones）、路易斯·凯洛格（Louise Kellogg）、卡伦·劳埃德（Karen Lloyd）、伯纳德·马蒂（Bernard Marty）、大谷荣治（Eiji Ohtani）、葆拉·奥尔谢夫斯基、特里·普兰克（Terry Plank）、罗伯特·波卡尔尼（Robert Pockalny）、克雷格·希弗里斯、芭芭拉·舍伍德－洛拉（Barbara Sherwood-Lollar）、尼古拉·索贝洛夫（Nikolay Sobelov）、米奇·索金（Mitch Sogin）、文森佐·斯塔尼奥（Vincenzo Stagno）。

很多不同领域的专家前后在审阅不同版本的过程中提供了大量帮助。在此，我要感谢戴维·科尔、达琳·特鲁·克里斯特（Darlene Trew Crist）、戴维·迪默（David Deamer）、帕特里夏·达夫、玛丽·埃德蒙兹、查伦·埃斯特拉达、保罗·法尔科夫斯基、特蕾莎·福尔纳罗、肖恩·哈迪（Shaun Hardy）、格蕾特·希斯塔德、奥利维娅·贾德森（Olivia Judson）、李洁、安德烈亚·曼格姆（Andrea Mangum）、斯科特·曼格姆（Scott Mangum）、克雷格·曼宁、小野修平、萨拉·吕格海默（Sarah Rugheimer）、克雷格·希弗里斯、埃里克·史密斯（Eric Smith）、迪米特里·斯韦尔杰斯基、爱德华·扬。

我要感谢我们DCO同事中一些一流的研究小组成员，包括罗伯特·波卡尔尼、凯蒂·普拉特（Katie Pratt）、达琳·特鲁·克里斯特，他们在这个项目的开发中提供了巨大帮助，尤其是乔舒亚·伍德（Joshua Wood）。

我要特别感谢诺顿出版公司的编辑和制作团队。杜琼（Quynh Do）以深思熟虑的洞察力编辑了手稿，她对这本书进行了全面的审核，仔细审阅了本书的细节部分，她的工作令人赞赏。文字编辑斯蒂芬妮·希伯特（Stephanie Hiebert）对每一页都进行了细致和创造性的改进。我还要感谢项目编辑埃米·梅代罗斯（Amy Medeiros）、产品经理朱莉娅·德鲁斯金（Julia Druskin）和艺术总监刘素英（Ingsu Liu）。

我的文学代理人是弗莱彻公司的埃里克·卢普弗（Eric Lupfer），他持续为我提供明智的建议和不懈的支持，他也是最早把此书视为交响乐的人之一。

科研成本是高昂的，如果没有政府机构和私人基金会的支持，本书中描述的任何创造性发现都不可能取得。因此，我要感谢美国国家科学基金会、美国地质调查局和美国国家航空航天局（包括卓越的火星科学实验室计划和NASA天体生物学研究所），当然，公民们所缴纳的税款也在发挥作用。我不仅要感谢斯隆基金会，还要感谢凯克基金会等基金会以及卡内基科学研究所的慷慨支持。

伊丽莎白·哈森（Elizabeth Hazen）以她的文学敏锐度和精准直觉，

对早期不完美的草稿进行了仔细编辑,她的影响贯穿本书的出版过程。

最后,我要感谢我曾经和未来的合著者玛格丽特·哈森,在撰写本书的每个阶段,她都为我提供了明确而富有建设性的意见和无条件的支持。

拓展阅读

第一乐章　土之运动：晶体中的碳

1. Carlos A. Bertulani, *Nuclei in the Cosmos* (Singapore: World Scientific, 2013).

2. Fabio Iocco et al., "Primordial Nucleosynthesis: From Precision Cos-mology to Fundamental Physics," *Physics Reports* 472 (2008): 1-76.

3. Carl Sagan, *Cosmos* (New York: Random House, 2002).

4. Lindsay Smith, "Williamina Paton Fleming," *Project Continua* 1 (2015).

5. Dava Sobel, *The Glass Universe: How the Ladies of the Harvard Observatory Took the Measure of the Stars* (New York: Viking, 2016).

6. Helen Fitzgerald, "Counted the Stars in the Heavens," *Brooklyn Daily Eagle, September* 18, 1927.

7. J. Turner, "Cecilia Helena Payne-Gaposchkin," in *Contributions of 20th Century Women to Physics* (Los Angeles: UCLA Press, 2001).

8. Simon Mitton, *Fred Hoyle: A Life in Science* (New York: Cambridge University Press, 2011).

9. D. A. Ostlie and B. W. Carroll, *An Intro-duction to Modern Stellar Astrophysics* (San Francisco: Addison- Wesley, 2007).

10. Mitton, *Fred Hoyle.*

11. D. P. Marrone et al., "Galaxy Growth in a Massive Halo in the First Billion Years of Cosmic History," *Nature* 553 (2018): 51-54.

12. D. Kasen et al., "Origin of the Heavy Elements in Binary Neutron- Star Mergers from a Gravitational-Wave Event," *Nature* 551 (2017): 80-84.

13. Harry McSween and Gary Huss, *Cosmochemistry* (New York: Cambridge University Press, 2010).

14. Robert M. Hazen et al., "Mineral Evolution," *American Mineralogist* 93 (2008): 1693-1720.

15. Robert M. Hazen, *The Diamond Makers* (New York: Cambridge University Press, 1999).

16. James J. Papike, ed., *Planetary Materials* (Chantilly, VA: Mineralogical Society of America, 1998).

17. Robert M. Hazen et al., "The Mineralogy and Crystal Chemistry of Carbon,"

in *Carbon in Earth*, ed. Robert M. Hazen, Adrian P. Jones, and John Baross (Washington, DC: Mineralogical Society of America, 2013), 7-46.

18. Paul Falkowski et al., "The Global Carbon Cycle: A Test of Our Knowledge of Earth as a System," *Science* 290, no. 5490 (2000): 291-296; Marc M. Hirschmann and Rajdeep Dasgupta, "The H/C Ratios of Earth's Near-Surface and Deep Reservoirs, and Consequences for Deep Earth Volatile Cycles," *Chemical Geology* 262 (2009): 4-16.

19. Martin J. S. Rudwick, *The Meaning of Fossils: Episodes in the History of Paleontology*, 2nd ed. (Chicago: University of Chicago Press, 1976).

20. Jack Repcheck, *The Man Who Found Time: James Hutton and the Discovery of Earth's Antiquity* (New York: Perseus, 2003); Charles Lyell, *Principles of Geology: Being an Attempt to Explain the Former Changes of the Earth's Surface, by Reference to Causes Now in Operation*, 3 vols. (London: Murray, 1830-1833).

21. James Hutton, *Theory of the Earth, with Proofs and Illustrations, in Four Parts*, 2 vols. (Edinburgh: Creech, 1795).

22. Simon Mitton, *Carbon from Crust to Core: A Chronicle of Deep Carbon Science* (New York: Cambridge University Press, forthcoming).

23. James Hall, "Account of a Series of Experiments, Shewing the Effects of Compression in Modifying the Action of Heat," *Transactions of the Royal Society of Edinburgh* 6 (1812): 75.

24. Hall, "Account of a Series of Experiments," 81.

25. Mark Y. Stoeckle et al., "Commercial Teas Highlight Plant DNA Barcode Identification Successes and Obstacles," Scientific Reports 1 (2011): art. 42.

26. John Schwartz, "Fish Tale Has DNA Hook: Students Find Bad Labels," New York Times, August 21, 2008, A1.

27. Schwartz, "Fish Tale Has DNA Hook."

28. Deborah Rabinowitz, "Seven Forms of Rarity," in *The Biological Aspects of Rare Plant Conservation*, ed. J. Synge (New York: Wiley, 1981), 205-217.

29. Robert M. Hazen, "Mineralogical Coevolution of the Geo-and Biospheres: Metallogenesis, the Supercontinent Cycle, and the Rise of the Terrestrial Biosphere" (Arthur D. Storke Lecture, Lamont-Doherty Earth Observatory, October 11, 2013).

30. John M. Hughes and Chris G. Hadidiacos, "Fingerite, $Cu_{11}O_2(VO_4)_6$, a New Vanadium Sublimate from Izalco Volcano, El Salvador: Descriptive Mineralogy," *American Mineralogist* 70 (1985): 193-196.

31. Robert T. Downs, "The RRUFF Project: An Integrated Study of the Chemistry, Crystallography, Raman and Infrared Spectroscopy of Minerals," in *Program & Abstracts: 19th General Meeting of the International Mineralogical Association, Kobe, Japan*, July 23-28, 2006 (Kobe: IMA, 2006), 3-13.

32. Roberta L. Rudnick and S. Gao, "Composition of the Continental Crust," in *The Crust: Treatise on Geochemistry*, ed. Roberta L. Rudnick (New York: Elsevier, 2005), 1-64.

33. B. J. McGill et al., "Species Abundance Distributions: Moving beyond Single Prediction Theories to Integration within an Ecological Frame-work," *Ecological Letters* 10 (2007): 995-1015.

34. R. H. Baayen, *Word Frequency Distributions* (New York: Kluwer, 2001).

35. Robert M. Hazen et al., "Mineral Ecology: Chance and Necessity in the Mineral Diversity of Terrestrial Planets," *Canadian Mineralogist* 53 (2015): 295-323.

36. Grethe Hystad, Robert T. Downs, and Robert M. Hazen, "Mineral Frequency Distribution Data Conform to a LNRE Model: Prediction of Earth's 'Missing' Minerals," *Mathematical Geosciences* 47 (2015): 647-661; Robert M. Hazen et al., "Earth's 'Missing' Minerals," *American Mineralogist* 100 (2015): 2344-2347; and Grethe Hystad et al., "Statistical Analysis of Mineral Diversity and Distribution: Earth's Mineralogy Is Unique," *Earth and Planetary Science Letters* 426 (2015): 154-157.

37. Edward S. Grew et al., "How Many Boron Minerals Occur in Earth's Upper Crust?" *American Mineralogist* 102 (2017): 1573-1587; Chao Liu et al., "Chromium Mineral Ecology," *American Mineralogist* 102 (2017): 612-619; and cobalt: Robert M. Hazen et al., "Cobalt Mineral Ecology," *American Mineralogist* 102 (2017): 108-116.

38. Robert M. Hazen et al., "Carbon Mineral Ecology: Predicting the Undiscovered Minerals of Carbon," *American Mineralogist* 101 (2016): 889-906.

39. I. V. Pekov et al., "Tinnunculite, $C_5H_4N_4O_3 \cdot 2H_2O$: Finds at Kola Peninsula, Redefinition and Validation as a Mineral Species," *Zapiski Rossiiskogo Mineralogicheskogo Obshchetstva* 145, no. 4 (2016): 20-35.

40. Artem Oganov et al., "Deep Carbon Mineralogy," in *Carbon in Earth*, ed. Robert M. Hazen, Adrian P. Jones, and John Baross (Washington, DC: Mineralogical Society of America, 2013), 44-77.

41. Leo Merrill and William A. Bassett, "The Crystal Structure of CaCO₃(II), a High-Pressure Metastable Phase of Calcium Carbonate," *Acta Crystallographica* B31 (1975): 343-349.

42. Hazen, *Diamond Makers*.

43. Leo Merrill and William A. Bassett, "Miniature Diamond Anvil Pressure Cell for Single Crystal X-Ray Diffraction Studies," Review of Scientific Instruments 45 (1974): 290-294.

44. Oganov, "Deep Carbon Mineralogy," for a review.

45. Marco Merlini et al., "Structures of Dolomite at Ultrahigh Pressure and Their

Influence on the Deep Carbon Cycle," *Proceedings of the National Academy of Sciences USA* 109 (2012): 13509-13514.

46. Marco Merlini et al., "The Crystal Structures of $Mg_2Fe_2C_4O_{13}$, with Tetrahedrally Coordinated Carbon and $Fe_{13}O_{19}$, Synthesized at Deep Mantle Conditions," *American Mineralogist* 100 (2015): 2001-2004; Marco Merlini et al., "Dolomite-IV: Candidate Structure for a Carbonate in the Earth's Lower Mantle," *American Mineralogist* 102 (2017): 1763-1766.

47. Stephen B. Shirey et al., "Diamonds and the Geology of Mantle Carbon," *Reviews in Mineralogy and Geochemistry* 75 (2013): 355-421.

48. Evan M. Smith et al., "Large Gem Diamonds from Metallic Liquid in Earth's Deep Mantle," *Science* 354, no. 6318 (2016): 1403-1405.

49. Steven B. Shirey and Stephen H. Richardson, "Start of the Wilson Cycle at 3 Ga Shown by Diamonds from Subcontinental Mantle," *Science* 333 (2011): 434-436; Shirey et al., "Diamonds and the Geology of Mantle Carbon."

50. Shirey and Richardson, "Start of the Wilson Cycle at 3 Ga."

51. Thomas J. Ahrens, *Albert Francis Birch*, 1903-1992 (Washington, DC: National Academy of Sciences, 1998).

52. Francis Birch, "Elasticity and Constitution of the Earth's Interior," *Journal of Geophysical Research* 57 (1952): 227-286.

53. From Birch, "Elasticity and Constitution," 234.

54. Bernard J. Wood, Jei Li, and Anat Shahar, "Carbon in the Core: Its Influence on the Properties of Core and Mantle," *Reviews in Mineralogy and Geochemistry* 75 (2013): 231-250; Anat Shahar et al., "High-Temperature Si Isotope Fractionation between Iron Metal and Silicate," *Geochimica et Cosmochimica Acta* 75 (2011): 7688-7697.

55. Bin Chen et al., "Hidden Carbon in Earth's Inner Core Revealed by Shear Softening in Dense Fe_7C_3," *Proceedings of the National Academy of Sciences USA* 111 (2014): 17755-17758.

56. Clemens Prescher et al., "High Poisson's Ratio of Earth's Inner Core Explained by Carbon Alloying," *Nature Geoscience* 8 (2015): 220-223.

57. Prescher et al., "High Poisson's Ratio."

58. Hystad, "Statistical Analysis of Mineral Diversity."

第二乐章　气之运动：循环中的碳

1. Robert M. Hazen, *The Story of Earth: The First 4.5 Billion Years, from Stardust to Living Planet* (New York: Viking, 2012).

2. H. Palme, K. Lodders, and A. Jones, "Solar System Abundances of the Elements," *Treatise on Geochemistry* 2 (2014): 15-35.

3. Mark A. Sephton, "Organic Compounds in Carbonaceous Meteorites," *Natural Products Report* 19 (2002): 292-311; Puna Dalai, Hussein Kaddour, and Nita Sahai, "Incubating Life: Prebiotic Sources of Organics for the Origin of Life," *Elements* 12 (2016): 401-406.

4. Kevin Zahnle, "Earth's Earliest Atmosphere," *Elements* 2 (2006): 217-222.

5. Matija C'uk et al., "Tidal Evolution of the Moon from a High-Obliquity, High-Angular-Momentum Earth," *Nature* 539 (2016): 402-406; Hazen, *Story of Earth.*

6. Carl Sagan and George Mullen, "Earth and Mars: Evolution of Atmospheres and Surface Temperatures," *Science* 177 (1972): 52-56.

7. I. Rasool and C. De Bergh, "The Runaway Greenhouse and the Accu-mulation of CO_2 in the Venus Atmosphere," *Nature* 226, no. 5250 (1970): 1037-1039.

8. John C. Armstrong, L. E. Wells, and G. Gonzales, "Rummaging through Earth's Attic for Remains of Ancient Life," *Icarus* 160 (2002): 183-196.

9. Carlo Cardellini, Giovanni Chiodini, Matteo Lelli, and Stefano Caliro, occurred on Tuesday, October 6, 2015.

10. James S. Trefil and Robert M. Hazen, *The Sciences: An Integrated Approach*, 8th ed. (Hoboken, NJ: Wiley, 2015), 431.

11. Peter B. Kelemen and Craig E. Manning, "Reevaluating Carbon Fluxes: What Goes Down, Mostly Comes Up," *Proceedings of the National Academy of Sciences USA* 112 (2015): E3997-4006.

12. Andy Ridgwell, "A Mid- Mesozoic Revolution in the Regulation of Ocean Chemistry," *Marine Geology* 217 (2005): 339-357; Andy Ridgwell and Richard E. Zeebe, "The Role of the Global Carbonate Cycle in the Regulation and Evolution of the Earth System," *Earth and Planetary Science Letters* 234 (2005): 299-315.

13. Ding Pan et al., "Dielectric Properties of Water under Extreme Conditions and Transport of Carbon in the Deep Earth," *Proceedings of the National Academy of Sciences USA* 110 (2013): 6646-6650.

14. S. Facq et al., "In situ Raman Study and Thermodynamic Model of Aqueous Carbonate Speciation in Equilibrium with Aragonite under Subduction Zone Conditions," *Geochimica et Cosmochimica Acta* 132 (2014): 375-390.

15. Christine M. Jonsson et al., "Attachment of l-Glutamate to Rutile (α- TiO_2): A Potentiometric, Adsorption and Surface Complexation Study," *Langmuir* 25 (2009): 12127-12135; Namhey Lee et al., "Speciation of l- DOPA on Nanorutile as a Function of pH and Surface Coverage Using Surface- Enhanced Raman Spectroscopy (SERS)," *Langmuir* 28 (2012): 17322-17330; and Charlene Estrada et al., "Interaction between l- Aspartate and the Brucite [$Mg(OH)_2$]-Water Interface," *Geochimica et Cosmochimica Acta* 155 (2015): 172-186.

16. Dimitri A. Sverjensky, Brandon Harrison, and David Azzolini, "Water in the Deep

Earth: The Dielectric Constant and the Solubilities of Quartz and Corundum to 60 kb and 1,200 ℃ ," *Geochimica et Cosmochimica Acta* 129 (2014): 125-145.

17. Fang Huang et al., "Immiscible Hydrocarbon Fluids in the Deep Carbon Cycle," *Nature Communications* 8 (2017): art. 15798.

18. Dimitri A. Sverjensky and Fang Huang, "Diamond Formation Due to a pH Drop during Fluid-Rock Interactions," *Nature Communications* 6 (2015): art. 8702.

19. Mark A. Sephton and Robert M. Hazen, "On the Origins of Deep Hydrocarbons," *Reviews in Mineralogy and Geochemistry* 75 (2013): 449-465.

20. John M. Eiler and Edwin Schauble, "$^{18}O_{13}C_{16}O$ in Earth's Atmosphere," *Geochimica et Cosmochimica Acta* 68 (2004): 4767-4777.

21. Edward D. Young et al., "A Large-Radius High-Mass-Resolution Multiple-Collector Isotope Ratio Mass Spectrometer for Analysis of Rare Isotopologues of O_2, N_2, CH_4 and Other Gases," *International Journal of Mass Spectrometry* 401 (2016): 1-10; Edward D. Young et al., "The Relative Abundances of Resolved $^{12}CH_2D_2$ and $^{13}CH_3D$ and Mechanisms Controlling Isotopic Bond Ordering in Abiotic and Biotic Methane Gases," *Geochimica et Cosmochimica Acta* 203 (2017): 235-264.

22. Shuhei Ono et al., "Measurement of a Doubly- Substituted Methane Isotopologue, $^{13}CH_3D$, by Tunable Infrared Laser Direct Absorption Spectroscopy," *Analytical Chemistry* 86 (2014): 6487-6494.

23. A. R. Whitehill et al., "Clumped Isotope Effects during OH and Cl Oxidation of Methane," *Geochimica et Cosmochimica Acta* 196 (2017): 307-325; D. T. Wang et al., "Clumped Isotopologue Constraints on the Origin of Methane at Seafloor Hot Springs," *Geochimica et Cosmochimica Acta* 223 (2018): 141-158.

24. Michel R. Burton, Georgina M. Sawyer, and Dominico Granieri, "Deep Carbon Emissions from Volcanoes," *Reviews in Mineralogy and Geochemistry* 75 (2013): 323-354.

25. A. Aiuppa et al., "Forecasting Etna Eruptions by Real- Time Observation of Volcanic Gas Composition," *Geology* 35 (2007): 1115-1118; J. M. de Moor et al., "Turmoil at Turrialba Volcano (Costa Rico): Degassing and Eruptive Processes Inferred from High-Frequency Gas Monitoring," *Journal of Geophysical Research— Solid Earth* 121, no. 8 (2016): 5761-5775.

26. Peter W. Lipman and Donal R. Mullineaux, eds., dedication in *The 1980 Eruptions of Mount Saint Helens, Washington*, Geological Survey Professional Paper 1250 (Washington, DC: US Government Printing Office, 1981), vii.

27. R. V. Fisher, "Obituary Harry Glicken (1958-1991)," *Bulletin of Volcanology* 53, no. 6 (1991): 514-516.

28. Stanley Williams and Fen Montaigne, *Surviving Galeras* (New York: Houghton

Mifflin, 2001); Victoria Bruce, *No Apparent Danger: The True Story of Volcanic Disaster at Galeras and Nevada del Ruiz* (New York: HarperCollins, 2002).

29. Emily Mason, Marie Edmonds, and Alexandra V. Turchyn, "Remobilization of Crustal Carbon May Dominate Volcanic Arc Emissions," *Science* 357, no. 6346 (2017): 290-294.

30. Steven B. Shirey et al., "Diamonds and the Geology of Mantle Carbon," *Reviews in Mineralogy and Geochemistry* 75 (2013): 355-421.

31. Shirey et al., "Diamonds and the Geology of Mantle Carbon." Additional background on DCO diamond research was provided by Steven Shirey in emails on January 12, 2018.

32. Kelemen and Manning, "Reevaluating Carbon Fluxes." Rajdeep Dasgupta and Marc M. Hirschmann, "The Deep Carbon Cycle and Melting in Earth's Interior," *Earth and Planetary Science Letters (Frontiers)* 298 (2010): 1-13.

33. Gabriele C. Hegerl et al., "Understanding and Attributing Climate Change," in *Contribution of Working Group I to the Fourth Assessment Report of the Intergovernmental Panel on Climate Change*, 2007, ed. S. Solomon et al. (Cambridge: Cambridge University Press, 2007), chap. 9; National Research Council, *Advancing the Science of Climate Change* (Washington, DC: National Academies Press, 2010); Intergovernmental Panel on Climate Change, *Fifth Assessment Report*, 4 vols. (New York: Cambridge University Press, 2013).

34. Kendra Pierre-Louis and Nadja Popovich, "Of 21 Winter Olympic Cities, Many May Soon Be Too Warm to Host the Games," *New York Times*, January 11, 2018.

35. D. M. Lawrence and A. Slater, "A Projection of Severe Near- Surface Permafrost Degradation during the 21st Century," *Geophysical Research Letters* 32, no. 24 (2005): L24401; David Archer, "Methane Hydrate Stability and Anthropogenic Climate Change," *Biogeosciences* 4, no. 4 (2007): 521-544.

36. Jesse H. Ausubel, "A Census of Ocean Life: On the Difficulty and Joy of Seeing What Is Near and Far," *SGI Quarterly* 60 (April 2010): 6-8.

第三乐章　火之运动：材料中的碳

1. David M. Nelson, *The Anatomy of a Game* (Newark: University of Delaware Press, 1994).

2. Marye Anne Fox and James K. Whitesell, *Organic Chemistry*, 3rd ed. (Sudbury, MA: Jones and Bartlett, 2004).

3. Alasdair H. Neilson, ed., *PAHs and Related Compounds: Chemistry* (Berlin: Springer, 1998); Chunsham Song, *Chemistry of Diesel Fuels* (Boca Raton, FL: CRC Press, 2015).

4. E. R. Stofan et al., "The Lakes of Titan," *Nature* 445 (2007): 61-64. A. Coustenis

and F. W. Taylor, *Titan: Exploring an Earthlike World* (Singapore: World Scientific, 2008).

5. James G. Speight, *The Chemistry and Technology of Petroleum*, 4th ed. (New York: Marcel Dekker, 2006).

6. A. I. Railkin, *Marine Biofouling: Colonization Processes and Defenses* (Boca Raton, FL: CRC Press, 2004); Laurel Hamers, "Designing a Better Glue from Slug Goo," *Science News*, September 30, 2017, 14-15; and Shahrouz Amini et al., "Preventing Mussel Adhesion Using Lubricant-Infused Materials," *Science* 357, no. 6352 (2017): 668-672.

7. Edward M. Petrie, *Handbook of Adhesives and Sealants* (New York: McGraw-Hill, 2000).

8. K. S. Novoselov et al., "Electric Field Effect in Atomically Thin Carbon Films," *Science* 306 (2004): 666-669; Andre K. Geim and Konstantin S. Novoselov, "The Rise of Graphene," *Nature Materials* 6 (2007): 183-191.

9. Andre K. Geim and Phillip Kim, "Carbon Wonderland," *Scientific American* 298 (April 2008): 90-97; Edward L. Wolf, *Applications of Graphene: An Overview* (Berlin: Springer, 2014).

10. Mitch Jacoby, "Graphene Finds New Use as Hair Dye," *Chemical and Engineering News*, March 10, 2018, 4.

11. Sumio Iijima, "Helical Microtubules of Graphitic Carbon," *Nature* 354 (1991): 56-58.

12. Peter J. F. Harris, *Carbon Nanotube Science: Synthesis, Properties and Applications* (New York: Cambridge University Press, 2009).

13. H. W. Kroto et al., "C_{60}: Buckminsterfullerene," *Nature* 318, no. 6042 (1985): 162-163; Richard E. Smalley, "Discovering the Fullerenes," *Reviews of Modern Physics* 69 (1997): 723-730.

14. Guillaume Povie et al., "Synthesis of a Carbon Nanobelt," *Science* 356, no. 6334 (2017): 172-173.

15. Howard Wolf and Ralph Wolf, *Rubber: A Story of Glory and Greed* (Akron, OH: Smithers Rapra, 2009).

16. Hermann Staudinger, "Über Polymerisation," *Berichte der Deutschen Chemischen Gesellschaft* 53, no. 6 (1920): 1073-1085.

17. Mary Ellen Bowden, *Chemical Achievers: The Human Face of the Chemical Sciences* (Philadelphia: Chemical Heritage Foundation, 1997); Jeffrey L. Meikle, *American Plastics: A Cultural History* (New Brunswick, NJ: Rutgers University Press, 1997).

18. Meikle, *American Plastics*.

19. D. C. Rees, T. N. Williams, and M. T. Gladwin, "Sickle Cell Disease," *Lancet* 376,

no. 9757 (2010): 2018-2031.

20. Aamer Ali Shah et al., "Biological Degradation of Plastics: A Comprehensive Review," *Biotechnology Advances* 26 (2008): 246-265.

21. M. Moezzi and M. Ghane, "The Effect of UV Degradation on Toughness of Nylon 66/Polyester Woven Fabrics," *Journal of the Textile Institute* 104, no. 12 (2013): 1277-1283.

22. Marcella Hazan, *Essentials of Classic Italian Cooking* (New York: Knopf, 1992).

第四乐章　水之运动：生命中的碳

1. Iris Fry, *The Emergence of Life on Earth: A Historical and Scientific Overview* (New Brunswick, NJ: Rutgers University Press, 2000); Constance M. Bertka, ed., *Exploring the Origin, Extent, and Future of Life: Philosophical, Ethical and Theological Perspectives* (Washington, DC: American Association for the Advancement of Science, 2009).

2. Tais W. Dahl and David J. Stevenson, "Turbulent Mixing of Metal and Silicate during Planet Accretion-an Interpretation of the Hf-W Chronometer," *Earth and Planetary Science Letters* 295, no. 1-2 (2010): 177-186; Abigail Allwood et al., "Stromatolite Reef from the Early Archean of Australia," *Nature* 441, no. 7094 (2006): 714-718; T. Hassenkam et al., "Elements of Eoarchean Life Trapped in Mineral Inclusions," *Nature* 548 (2017): 78-81; Matthew S. Dodd et al., "Evidence for Early Life in Earth's Oldest Hydrothermal Vent Precipitates," *Nature* 543 (2017): 60-64; and Takayuki Tashiro et al., "Early Trace of Life from 3.95 Ga Sedimentary Rocks in Labrador, Canada," *Nature* 549 (2017): 516-518.

3. C. Mileikowsky et al., "Natural Transfer of Microbes in Space, Part I: From Mars to Earth and Earth to Mars," *Icarus* 145, no. 2 (2000): 391-427.

4. Simon Mitton, *Fred Hoyle: A Life in Science* (New York: Cambridge University Press, 2011).

5. Noam Lahav, *Biogenesis: Theories of Life's Origins* (New York: Oxford University Press, 1999); Fry, *Emergence of Life on Earth*; Robert M. Hazen, *Genesis: The Scientific Quest for Life's Origin* (Washington, DC: Joseph Henry Press, 2005); David Deamer and Jack W. Szostak, eds., *The Origins of Life* (Cold Spring Harbor, NY: Cold Spring Harbor Laboratory Press, 2010); and Eric Smith and Harold J. Morowitz, *The Origin and Nature of Life on Earth: The Emergence of the Fourth Geosphere* (New York: Cambridge University Press, 2016).

6. A. Graham Cairns-Smith, *Seven Clues to the Origin of Life* (Cambridge: Cambridge University Press, 1985); A. Graham Cairns-Smith and Hyman Hartman, *Clay Minerals and the Origin of Life* (Cambridge: Cambridge University Press, 1986).

7. Stanley L. Miller, "A Production of Amino Acids under Possible Primitive Earth

Conditions," *Science* 117 (1953): 528-529; Stanley L. Miller, "Production of Some Organic Compounds under Possible Primitive Earth Conditions," *Journal of the American Chemical Society* 77 (1955): 2351-2361; Christopher Wills and Jeffrey Bada, *The Spark of Life: Darwin and the Primeval Soup* (Cambridge, MA: Perseus, 2000).

8. S. L. Miller and J. Oró, "Harold C. Urey 1893-1981," *Journal of Molecular Evolution* 17 (1981): 263-264.

9. Miller, "Production of Amino Acids."

10. Claude Lévi-Strauss, *La pensée sauvage* (Paris: Librairie Plon, 1962).

11. Robert M. Hazen, "Deep Carbon and False Dichotomies," *Elements* 10 (2010): 407-409.

12. Wills and Bada, *Spark of Life*, 41.

13. P. Radetsky, "How Did Life Start?" *Discover*, November 1992, 74- 82; Hazen, Genesis, 109-110, 266.

14. Paul M. Schenk et al., *Enceladus and the Icy Moons of Saturn* (Tucson: University of Arizona Press, 2018).

15. David W. Deamer and R. M. Pashley, "Amphiphilic Components of the Murchison Carbonaceous Chondrite: Surface Properties and Membrane Formation," *Origins of Life and Evolution of the Biosphere* 19 (1989): 21-38; David W. Deamer, "Self-Assembly of Organic Molecules and the Origin of Cellular Life," *Reports of the National Center for Science Education* 23 (May-August 2003): 20-33.

16. Charlene Estrada et al., "Interaction between l- Aspartate and the Brucite $[Mg(OH)_2]$-Water Inter-face," *Geochimica et Cosmochimica Acta* 155 (2015): 172-186.

17. Teresa Fornaro et al.,"Binding of Nucleic Acid Components to the Serpentinite-Hosted Hydrothermal Mineral Brucite," *Astrobiology* 18, no. 8 (August 2018): 989–1007.

18. Smith and Morowitz, *Origin and Nature of Life on Earth*, 186, 201, and following.

19. Robert M. Hazen, "Chance, Necessity, and the Origins of Life," *Philosophical Transactions of the Royal Society. Series A* 375 (2016): 20160353.

20. Jacques Monod, *Chance and Necessity: An Essay on the Natural Philosophy of Modern Biology* (New York: Vintage Books, 1972).

21. Ernest Schoffeniels, *Antic hance: A Reply to Monod's Chance and Necessity*, trans. B. L. Reid (Oxford: Pergamon, 1976), 18.

22. Charles Darwin, *The Origin of Species* (London: John Murray, 1859).

23. Paul G. Falkowski, *Life's Engines: How Microbes Made Earth Habitable* (Princeton, NJ: Princeton University Press, 2015); J. D. Kim et al., "Discovering the Electronic Circuit Diagram of Life: Structural Relationships among Transition Metal Binding Sites in Oxidoreductases," *Philosophical Transactions of the Royal Society. Series*

B 368 (2013): 20120257.

24. Biographical information on Paul Falkowski comes from Falkowski, *Life's Engines*, 1-7.

25. Benjamin I. Jelen, Donato Giovannelli, and Paul G. Falkowski, "The Role of Microbial Electron Transfer in the Coevolution of the Geosphere and Biosphere," *Annual Review of Microbiology* 70 (2016): 45-62.

26. Anurag Sharma et al., "Microbial Activity at Gigapascal Pressures," *Science* 295 (2002): 1514-1516.

27. Falkowski, *Life's Engines*, 96 and following.

28. Dennis J. Nürnberg et al., "Photochemistry beyond the Red Limit in Chlorophyll f-Containing Photosystems," *Science* 360 (2018): 1210-1213.

29. Robert M. Hazen et al., "Mineral Evolution," *American Mineralogist* 93 (2008): 1693-1720.

30. Andrew H. Knoll, *Life on a Young Planet: The First Three Billion Years of Evolution on Earth* (Princeton, NJ: Princeton University Press, 2003), 161-178.

31. Knoll, *Life on a Young Planet*, 122-160.

32. Lynn Sagan, "On the Origin of Mitosing Cells," *Journal of Theoretical Biology* 14 (1967): 225-274; Lynn Margulis, *Origin of Eukaryotic Cells* (New Haven, CT: Yale University Press, 1970).

33. Charles Mann, "Lynn Margulis: Science's Unruly Earth Mother," *Science* 252 (April 19, 1991): 379-381.

34. Knoll, *Life on a Young Planet*, 164-178.

35. Robert Hazen et al., at the National Science Foundation, Arlington, Virginia, on May 4, 2017.

36. A. Drew Muscente et al., "Quantifying Ecological Impacts of Mass Extinctions with Network Analysis of Fossil Communities," *Proceedings of the National Academy of Sciences USA* 115 (2018): 5217-5222.

37. Patricia Dove, "The Rise of Skeletal Biominerals," *Elements* 6, no. 1 (2010): 37-

42. Insights on coral formation are in Stanislas Von Euw et al., "Biological Control of Aragonite Formation in Stony Corals," *Science* 356, no. 6341 (2017): 933-938.

38. S. Weiner et al., "Biologically Formed Amorphous Calcium Carbonate," *Connective Tissue Research* 44 (2003): 214-218; D. Wang et al., "Carboxylated Molecules Regulate Magnesium Content of Amorphous Calcium Carbonates during Calcification," *Proceedings of the National Academy of Sciences USA* 106 (2009): 21511-21516.

39. Hans R. Thierstein and Jeremy R. Young, *Coccolithophores: From Molecular Processes to Global Impact* (Berlin: Springer, 2004).

40. David Beerling, *The Emerald Planet: How Plants Changed Earth's History* (New York: Oxford Uni-versity Press, 2007).

41. Heather M. Wilson and Lyall I. Anderson, "Morphology and Taxonomy of Paleozoic Millipedes (Diplopoda: Chilognatha: Archipolypoda) from Scotland," *Journal of Paleontology* 78 (2004): 169-184.

42. Edward B. Daeschler, Neil H. Shubin, and Farish A. Jenkins Jr., "A Devonian Tetrapod-like Fish and the Evolution of the Tetrapod Body Plan," *Nature* 440, no. 7085 (2006): 757-763; Neil H. Shubin, *Your Inner Fish: A Journey into the 3.5-Billion-Year History of the Human Body* (New York: Vintage Books, 2008).

43. Dirk Willem van Krevelen, *Coal: Typology, Chemistry, Physics and Constitution*, 3rd ed. (New York: Elsevier Science, 1993).

44. Martin J. Kennedy and Thomas Wagner, "Clay Mineral Continental Amplifier for Marine Carbon Sequestration in a Greenhouse Ocean," *Proceedings of the National Academy of Sciences USA* 108 (2011): 9776-9781.

45. R. E. Taylor, *Radiocarbon Dating: An Archeological Perspective* (Orlando, FL: Academic Press, 1987).

46. Taylor, *Radiocarbon Dating*, chap. 6.

47. Michael R. Waters et al., "Late Pleistocene Horse and Camel Hunting at the Southern Margin of the Ice-Free Corridor: Reassessing the Age of Wally's Beach, Canada," *Proceedings of the National Academy of Sciences USA* 112, no. 14 (2015): 4263-4267.

48. Quan Hua, Mike Barbetti, and Andrzej Z. Rakowski, "Atmospheric Radiocarbon for the Period 1950-2010," *Radiocarbon* 55 (2013): 2059-2072.

49. Sam Kean, *Caesar's Last Breath: Decoding the Secrets of the Air around Us* (New York: Little, Brown, 2017).